幸福小"食"光

好酱汁
决定好料理

甘智荣 主编

中国纺织出版社

图书在版编目（CIP）数据

好酱汁决定好料理 / 甘智荣主编 . -- 北京 ： 中国
纺织出版社，2017.3

（幸福小"食"光）

ISBN 978-7-5180-3130-6

Ⅰ．①好… Ⅱ．①甘… Ⅲ．①调味酱—制作 Ⅳ．
① TS264.2

中国版本图书馆 CIP 数据核字 (2016) 第 295790 号

摄影摄像: 深圳市金版文化发展股份有限公司
图书统筹: 深圳市金版文化发展股份有限公司

责任编辑: 范琳娜　　　　责任印制: 王艳丽

中国纺织出版社出版发行
地址: 北京市朝阳区百子湾东里 A407 号楼　　邮政编码: 100124
销售电话: 010-67004422　传真: 010-87155801
http://www.c-textilep.com
E-mail:faxing@c-tectilep.com
中国纺织出版社天猫旗舰店
官方微博 http://weibo.com/2119887771
深圳市雅佳图印刷有限公司　　各地新华书店经销
2017 年 3 月 1 版第 1 次印刷
开本: 710×1000　1/16　印张: 10
字数: 120 千字　　定价: 39.80 元

PREFACE
前言

　　想要烧出一手好菜，调味料是必不可少的，柴米油盐酱醋茶，酱汁在日常调味料中占有重要的地位。市场上的酱料随处可见，五花八门，但添加剂很多，食品安全问题令人担忧。若能觅得在家自制酱汁的技巧，便能吃得放心又美味了。

　　如今，随着健康饮食理念的盛行，自制酱汁变得越来越普遍，也越来越简单。如果没有相关经验，也别着急，本书将一一揭开酱汁的神秘面纱。这里介绍了亲手制作酱汁需要做的准备，让您在制作之前轻松安排；这里网罗了中、日、韩、泰、法等多国的经典酱汁，可以领略不同地域的酱汁特色；这里汇聚了家常烹饪所用的各类酱汁，可以在家人和朋友面前大显身手；这里更有适用于各种吃法的果酱，丰富早餐、下午茶，可谓品种齐全、做法详尽。更重要的是，本书所推荐的酱汁配有对应的菜品，让您在亲手调制出各种美味酱汁的同时，顺手做出对应的可口佳肴。

　　经典也好，家常也罢，总之一句话，酱汁的作用不容小觑。同样一道菜，若选对酱汁无异于画龙点睛，若是酱汁搭配得不好，则感到口感不够丰富。有了这本书，定会让您在厨房里如虎添翼，让饭菜如锦上添花，玩转酸甜咸辣鲜不同的味型，带给舌尖极致的诱惑。

Sauce

CONTENTS
目录

Chapter 1
酱汁让烹饪变得简单
——基础篇

Chapter 2
"酱"出历久弥香的美食
——经典酱汁篇

Chapter3
"酱"出美味家常菜
——家常酱汁篇

Chapter4
就"酱"好吃——果酱篇

Chapter 1

Sauce

酱汁让烹饪变得简单——基础篇

酱汁是佳肴的灵魂，一款合适的酱汁不仅能赋予菜品
丰富的味型，还能使之更具层次感。本章介绍了酱汁
的历史文化与常用工具、原材料，以及东西方的酱料
美食推荐，相信能对你的酱料自制之路大有帮助，让
你的烹饪更加游刃有余。

酱汁赋予美食的诱惑

酱汁之于美食，恰似美饰之于美人，一道美味佳肴，除了用料新鲜、烹调得法之外，佐以合适的酱料，是为锦上添花。酸、甜、辣、鲜、咸，不同的酱汁口味刺激你的感官，挑逗你的味蕾，赋予美食无可抵挡的诱惑！

Sauce

1. 漫谈酱料理

古语有云，"酱，八珍主人也"，孔老夫子在 3000 年前说："不得其酱不食"，由此可见，酱是调味品的统帅，在烹饪中占据着十分重要的地位。酱在古代首先指的是由动物性原料制成的肉酱，其次还包括用米、麦、豆、果、鱼等材料制成的各种酱，所以，对酱的正确理解应该是包含动物和植物原料酿造而成的调味料。

酱从生产到现在经历了几千年的漫长历史，口味和品种有了很大的发展。而且，酱料富含的多种营养成分在满足人们的调味需求之外，还能增进食欲，补充身体所需的能量，深受人们的喜爱。时至今日，全国各地还出现了一些具有地方特色的优质酱品种，像北京烤鸭面酱、北京王致和腐乳酱、天津蒜蓉辣酱、四川豆瓣酱、广东鱼露、安庆蚕豆辣酱等。随着酱料品种的不断增加，酱不仅作为一般的佐食配料，而且开始广泛应用于制作各种菜肴，制成各式酱料理，如酱爆肉、酱拌三鲜、酱烧鱼等。

综观各式各样的酱汁料理，酱汁总是默默扮演着画龙点睛的配角，不论是在中式烹饪中，还是带着异国风味的菜肴中，它总是以不拘形式、就地取材且变化万千的呈现模式，直接拌入食材或一起蒸、炒、炖、煮的烹调方式，在不同的家庭，不同的国家，呈现出不同的味道，千滋百味。酱汁不仅集精致与美味于一身，更轻而易举地将料理推至完美境界，每一种运用不同调味料所调拌出来的酱汁都各具特色。

究竟酱汁藏有什么样的魔法，酱料理又有着如何百变的滋味呢？接下来，一起来看看中外酱料的不同风味吧！

2. 中外酱料一览

　　无论是千变万化的中餐、原汁原味的日式料理、酸辣可口的韩式料理还是风味独特的西餐，都离不开酱料的陪伴。这些酱料，风味独特，各有千秋，却都能让菜肴变得滋味丰富，增加层次。

<table>
<tr><td rowspan="1" style="border:1px solid">中式酱料</td><td>　　中式酱料包罗万象，不仅种类很多，而且五味俱全，包括酸、甜、咸、辣、鲜。其制作材料多种多样，几乎所有的菜都能入酱，素菜、荤菜、香料、药材……在酱料师傅的巧手调制下，有无穷无尽的酱料组合。经典的中式酱料主要有米酒酱、鸡肉腌酱、蚝油酱等，这些经受千万人味蕾考验的经典味道，带给人们历久弥新的味觉盛宴。</td></tr>
</table>

◎ 典型的中式酱料美食

鲍汁扣鹅掌	东坡肘子	古越花雕鸡	叉烧酱年糕
——鲍鱼汁	——蚝油酱	——腐乳酱	——叉烧酱

<table>
<tr><td style="border:1px solid">西式酱料</td><td>　　在西式料理中，酱料就是佳肴的灵魂，尤为讲究。同样一道菜，如果选对了酱，则能让菜香和酱香完美结合；若是酱料搭配得不好，则会影响整道菜的口感和品质。因此，学会调制各种西式酱料，就能快速掌握西式料理的精髓，做出色香味俱全的西餐。西式菜品中，无论是沙拉、前菜、主菜或甜品，都会配以风味独特的酱汁，如布朗酱、番茄酱等，各有特色，极具风味。</td></tr>
</table>

◎ 典型的西式酱料美食

牛肉咖喱饭	金枪鱼三明治	黄油青酱海鲜意面	黑椒煎牛排
——番茄酱	——沙拉酱	——罗勒青酱	——黑胡椒酱

日式酱料的种类也极其繁多，其口味较偏向于甜和酸，能够把原料的原味展现出来。味淋、味噌、芥末、清酒等是日本特有的调料，也是用来调制复合酱汁的常用原材料，用它们调出来的酱汁也就更具独特风味。

与日式料理不同，韩国料理的味道主要偏重于甜和辣，入口醇香、后劲十足。韩国酱料崇尚自然健康，往往很少放味精等调味品，而多采用新鲜食材和香料制作而成。

◎ 典型的日韩酱料美食

日式起司鸡排 　　 日式咖喱炒面 　　 韩式泡白菜 　　 韩式香煎五花肉
——日式乳酪酱 　　 ——咖喱膏 　　 ——虾味泡菜酱 　　 ——韩式辣酱

东南亚地处航运交界处，主要包括马来群岛、菲律宾群岛、印度尼西亚群岛，也包括中南半岛沿海、马来半岛等地。当地的气候和独特的地理位置，赋予了酱料独特的本地特色。同时，东南亚酱料又融合了中西料理的精华，从而造就了非常独特的风味。

东南亚酱料的口味侧重于酸、甜、辣，并运用大量的香料和鲜美的海鲜精制而成，味道浓郁，香气诱人，凸显出独特的东南亚风味。

◎ 典型的东南亚酱料美食

虾酱拌河粉 　　 泰式拌虾 　　 清蒸柠檬鱼 　　 甜辣酱烤扇贝
——虾酱 　　 ——泰河酱 　　 ——柠檬鱼露 　　 ——甜辣酱

食材小百科

无论是做菜还是制酱，第一步就是认识食材。只有对食材有了充分的了解和掌握，才可以做出美味的独家酱料。下面详细介绍16种酱料中常用的食材。

1. 白糖

白糖主要分为白砂糖和绵白糖，二者甜度相同，可依照酱料制作方式的不同而选择。若是不经加热制作、直接使用的，选用绵白糖；若是需要加热的酱料，就可以使用白砂糖制作。

2. 酱油

酱油是用豆、麦、麸皮酿造的液体调味品，其色泽红褐，滋味鲜美。酱油是酱料中非常重要的元素，尤其在中式酱料中，加入一定量的酱油，不仅可以增加酱料的香味，还能使其色泽更加好看。

白糖

红油

酱油

炼乳

3. 红油

红油是中式酱料中常用到的食材，香辣可口，非常提味。红油的好坏直接影响酱料的色、香、味，好的红油不仅能给酱料增色，而且味道浓郁，能增进食欲；不好的红油则会让酱料的颜色变得昏暗或无光泽，伴有苦味或无味。

4. 炼乳

炼乳又称为炼乳，是以新鲜牛奶为原料，经过均质、杀菌、浓缩等一系列工序制成的乳制品，具有和牛奶一样丰富的营养价值，是西式酱料中常见的添加物，可以起到提味、增香的作用，深受人们的喜爱。

5.醋

醋是一种发酵的液态调味品，以含淀粉类的粮食为主料，谷糠、稻皮等为辅料，经过发酵酿造而成。

醋在中式烹调中是主要的调味品之一，优质醋酸微甜，带有香味，用途广泛。既能去腥解腻，增加菜肴的鲜味和香味，减少维生素 C 在食物加热过程中的流失，还可使烹饪原料中的钙溶解而利于人体吸收。

醋有很多品种，除了众所周知的香醋、陈醋外，还有糙米醋、糯米醋、米醋、水果醋等。

6.蚝油

蚝油不是油质，而是在加工蚝豉时，煮蚝豉的汤经过滤浓缩而成的一种调味品。

它营养丰富、味道鲜美、蚝香浓郁、黏稠适度，是家中常备的调味佐料，也是制作酱料常用的食材之一。值得一提的是，蚝油中富含牛磺酸，其含量之高是其他任何调味料都不能相比的，具有防癌抗癌、增强人体免疫力等多种保健功能，在临床治疗和药理上应用广泛，可防治多种疾病，被称为"多功能食品添加剂的新星"。

醋

橄榄油

蚝油

辣椒

7.橄榄油

橄榄油的颜色黄中透绿，闻着有股诱人的清香味，入锅后能挥发一种蔬果的香味，且不会破坏蔬菜本身的颜色，清淡不油腻，油烟又少，是深受人们喜爱的调味油之一。

橄榄油是做冷酱料和热酱料最好的油脂成分，它可以起到保护新鲜酱料色泽的作用。而且，用橄榄油调制酱料，能调出食物本身的味道，保留原汁原味，尤其适合饮食清淡的人。

8.辣椒

辣椒主要用于制作辣酱。中式酱料常用的辣椒有灯笼椒、干辣椒、剁辣椒。

灯笼椒肉质比较厚，味较甜，常剁碎或打成泥，加蒜蓉或其他食材于酱料中，有提味、增香、爽口、去腥的作用；干辣椒一般可不打碎，直接用于需要烹煮的酱料中，有增香、增色的作用；剁辣椒可直接加于酱料中食用，颜色鲜艳，味道可口，还有去除菜肴中腥味与杀菌的效用。

9. 芥末

芥末，又称芥子末、山葵、辣根、西洋山芋菜等，是由芥菜成熟的种子碾磨成的一种粉状调料。芥末微苦，辛辣芳香，对口舌有强烈刺激，味道十分独特。如果将芥末加水润湿，会有香气喷出，具有催泪性的强烈刺激性辣味，对味觉、嗅觉均有刺激作用。芥末常用作泡菜、腌渍生肉或拌沙拉时的调味品，也可与生抽一起使用，充当生鱼片的美味调料。

10. 芝士粉

芝士（奶酪）是牛奶浓缩后的产物，主要分为加工芝士和天然芝士。芝士几乎含有牛奶中所有的营养物质，包括丰富的蛋白质、维生素 B 群、钙等。其中，所含的蛋白质因为被乳酸菌分解，所以比牛奶更容易消化和吸收。芝士也是高热量、高脂肪的食物。在食物互换表中，芝士被归于乳制品类，两薄片的芝士（45克）相当于一杯（240毫升）全脂牛奶的营养。

芥末　　　　　　　芝麻油　　　　　　芝士粉　　　　　咖喱

11. 芝麻油

芝麻油又叫做香油，是小磨香油和机制香油的统称。顾名思义，芝麻油是由芝麻制成的，在加工过程中，芝麻中的特有成分经高温炒料处理后，生成具有特殊香味的物质，使其具有独特而浓郁的香味，有别于其他各种食用油，故称香油。

芝麻油常用于烹饪并加在酱料里，能为菜肴添香，在中式酱料里很受欢迎。常见的有芝麻酱、芝麻花生酱等，是凉拌菜的常用酱香伴侣。

12. 咖喱

咖喱的主要成分是姜黄粉、川花椒、八角、胡椒、桂皮、丁香和芫荽籽等含有辣味的香料，能促进唾液和胃液的分泌，增进食欲，还能促进血液循环，达到发汗的目的。咖喱的种类很多，以国家来分，其发源地有印度、斯里兰卡、泰国、新加坡、马来西亚等；以颜色来分，有红、青、黄、白之别；以配料细节上来区分，咖喱有十多种之多。由咖喱调制的酱料常见于印度菜、泰国菜和日本菜等，一般伴随肉类和饭一起吃。

13. 迷迭香

迷迭香味辛辣、微苦，具有消除胃气胀、增强记忆力、提神醒恼、减轻头痛、改善脱发等功能，在酱料中常用它来提升酱的香味。

迷迭香的叶带有茶香，一般用少量干叶或新鲜叶片做食物的调料，特别适合用于羔羊、鸭、鸡、香肠、海鲜、肉馅、炖菜、汤、土豆、番茄、萝卜及其他蔬菜和饮料中，因为其味道较为浓厚，一般在食用前应将迷迭香取出。

14. 食盐

盐乃百味之首，是菜品中咸味的主要来源，在制作咸酱、辣酱时，一般都会使用适量盐调味，能起到提鲜味、增本味的作用，还可以防腐杀菌，调节原料的质感，增加原料的脆嫩度。

迷迭香　　　　　　清酒　　　　　　　　食盐　　　　　　花椒

15. 清酒

清酒是以大米与天然矿泉水为原料，经过制曲、制酒母、最后酿造等工序，通过并行复合发酵，酿造出酒精度达18%左右的酒醪。以日本清酒最为著名，该酒色泽呈淡黄色或无色，清亮透明，芳香宜人，口味纯正，绵柔爽口，其酸、甜、苦、涩、辣诸味协调，含多种氨基酸、维生素，是营养丰富的饮料酒。在做酱时可以根据喜欢的口味进行选择，如甜口酒、辣口酒、浓醇酒、淡丽酒、高酸味酒等。

16. 花椒

花椒性热，味辛，归脾、胃经，是川菜中常用的调味配料之一。花椒的作用有很多，其气味芳香，可去除各种肉类的腥膻臭气；花椒能促进唾液分泌，增进人的食欲；有研究发现，花椒能使血管扩张，从而能起到降低血压的作用；服食花椒水还能驱除体内的寄生虫，止痒解腥。

用花椒做酱料，既可以直接用鲜花椒搭配几种蔬菜做成酱，也可以在其他成酱中撒入几颗干花椒粒，提味增香。

好工具助你一臂之力

俗话说，工欲善其事，必先利其器。要想制出好的酱料，工具自然是必不可少的，而且，好的工具还能助您一臂之力，起到事半功倍的效果。

1. 砧板

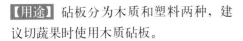

【用途】砧板分为木质和塑料两种，建议切蔬果时使用木质砧板。

【使用】切肉和切水果的砧板最好分开独立使用，既可以防止交叉感染，也可避免水果沾染上肉类、辛香料的味道。新买的木质砧板使用前最好用盐水浸泡一夜，能使木质更坚硬，防止干裂。

【清洁】塑料砧板使用后要用海绵洗净晾干，切忌用高温水洗，以免变形；木质砧板使用完后也要洗净晾干。

【选购】选购砧板应本着耐用、平整的原则，并注意看整个砧板是否完整，厚薄是否一致，有无裂缝。如果选用塑料砧板的话，要选用无毒塑料制成的。

2. 刀

【用途】无论是制作果酱，还是调制酱汁，很多时候都需要把材料切成小块或剁成末，刀自然就是必不可少的工具了。

【使用】家里最好常备两把刀，并分开使用，一把专门用来切蔬菜和水果，另

一把则拿来切肉类或其他食物，以免细菌交叉感染，危害健康。

【清洁】使用完后要马上用水洗净，并擦干，以防生锈。切勿用强碱、强酸类化学溶剂洗涤刀具。

3. 捣蒜器

【用途】主要用于把大蒜捣成蒜末，制成蒜蓉。

【使用】使用时，将蒜瓣放入碗状容器中，用棒槌根据需要将蒜瓣捣成不同程度的泥状。

【清洁】使用完毕应立即用清水冲洗干净，并置于阴凉通风处。

4. 蔬果料理机

【用途】蔬果料理机集合了榨汁机、豆浆机、冰激凌机、料理机、研磨机等产品功能，完全达到一机多用功能，可以帮助处理榨汁、打碎等料理难题。

【使用】在使用过程中要小心里面的钢刀，小心取用，以免刺伤。水果在榨汁前，宜进行去籽、去皮等处理，并将其切成小块，加水搅拌。材料不宜放太多，要少于料理机容器的1/2。

【清洁】使用完后应立即清洗，将里面的杯子拿起泡过水后，再用大量水冲洗、晾干。里面的钢刀须先用水泡一下，再用棕毛刷刷干净。

5. 密封盒

【用途】用于保存制作好的酱料，方便储存和携带。

【使用】使用密封盒前，需清洗干净，酱料不可装得过满，以八分满为宜。

【清洁】密封盒使用完要洗净并晾干，以便下次使用。

【选购】密封盒一般是用塑料制成，建议选择无毒、耐高温的塑料制品。

6. 炒锅、平底锅、奶锅

【用途】用于熬制酱料的主要食材，不同的锅适合不同的制酱方法。

【使用】炒锅主要适合炒制酱料，平底锅可用于制作铁板烧酱料，奶锅则主要用于奶制品酱料的制作。

【清洁】无论是哪一种锅，制作酱料后都需要及时加水清洗干净，以免酱料残留，影响下次使用。

【选购】选购锅子时，推荐购买锅底较厚、光亮度好、分量比较重的不锈钢锅具。

7. 搅拌器

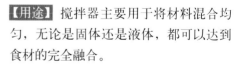

【用途】搅拌器主要用于将材料混合均匀，无论是固体还是液体，都可以达到食材的完全融合。

【使用】在搅拌食材时建议按照同一方向匀速搅拌，省时省力。

【清洁】搅拌器使用完后要立即用清水洗净、晾干。

酱汁制作，用料要有理

酱汁主要分为酸、甜、咸、辣、鲜五种味型，每种味型都有其制作的要领和技巧，一起了解下，让用料更有理有据。

1. 酸味酱汁制作要领

酸味酱汁主要是靠发酵而成，具有美白、降糖、软化血管、防癌、强身健体、益智、养肝降脂的功效。制作酸酱，一般在头一年的十月份就要开始准备，首先要制作酱引子，这是必不可少的。具体做法是将麸子和玉米面加水搅拌，制成饽饽，然后放到纸箱中，使其自然发酵至次年的春天，拿出来碾碎即成。然后加黄豆、花椒、八角、碱面、盐等食材，发酵 3 ~ 5 个月即成。

2. 甜味酱汁制作要领

甜味酱汁中，以甜面酱最为出名，其以面粉为主要原料，经制曲和保温发酵制成。其味甜中带咸，同时有酱香和脂香，适用于烹饪酱爆和酱烧菜，还可蘸食大葱、黄瓜、烤鸭等菜品。制作工艺和一般的酱品没有太大区别，可概括为原料—洗涤—浸渍—蒸煮—冷切—种曲—制曲—加盐水—发酵—后熟—成品。

3. 咸味酱汁制作要领

咸味酱汁是较为常见的一种酱料味型，主要是由黄豆、盐、水制作而成，还可以加入适量生抽和老抽等，以增加酱料的色泽和咸味。咸酱既可以用于蘸食蔬菜吃，也可以用于烹饪。制作咸酱时尤为重要的一点就是用料的选择和密封时间。

4. 辣味酱汁制作要领

辣味酱汁是辣椒混杂其他各种材料熬制而成，根据附加材料的不同可以分为很多品种，包括牛肉酱、香辣鱼酱、肉丝油辣椒、鲜鸡丝油辣椒、豆瓣油辣椒、辣子虾酱等。灯笼椒、干辣椒、剁辣椒等辣椒是中式酱料中常用的几种辣椒，以剁辣椒辣度最高。

5. 鲜味酱汁制作要领

鲜味酱汁得益于一个"鲜"字，其选材广泛，像日常的蔬菜、肉类、鱼虾等都可以制作，主要采用酱油、醋、鸡粉等调味料。鲜酱可以现制现吃，也可用于日常菜肴的烹饪中，以增鲜提味。

Chapter 2

"酱"出历久弥香的美食
——经典酱汁篇

酱汁，跃动舌尖的别样美味，随着地域的不同体现出
鲜明的地域特色。本章带你搞定中外经典酱汁，在制
作的过程中，你会发现原来自己在家也能调制出经典
的异国风味，轻松掌握美食世界。

芝麻酱

原料

白芝麻·······30 克

调料

食用油········适量

做法

1 将白芝麻洗净，再用纱布漂洗过滤，沥干水分，待用。

2 将芝麻放入炒锅中慢慢炒香，盛出放凉。

3 将放凉的芝麻装入料理机中，启动酱料功能，打成酱。

4 将打好的酱装入碗中，倒入少许食用油，搅拌均匀即可。

甜面酱

原料

面粉········ 200 克

调料

食用油····· 10 毫升

酱油······· 30 毫升

白糖········· 50 克

做法

1 取一个大碗，倒入适量清水，加入酱油，放入面粉，搅拌到看不见颗粒。

2 开小火，把面粉液倒入锅中，用铲子慢慢搅拌，收汁。

3 放入白糖，搅拌至白糖溶化，加入食用油，拌匀即可。

芝麻酱拌油麦菜

⏱ 烹饪时间：5分钟　🍲 难易度：★★☆　🧂 口味：咸鲜

【原料】油麦菜 240 克，熟芝麻 5 克，枸杞子、蒜末各少许
【调料】盐、鸡粉各 2 克，芝麻酱 35 克，食用油适量

------------------------------- 制作方法 Making -------------------------------

1. 将洗净的油麦菜切成段，装入盘中，待用。
2. 锅中加水烧开，加入食用油、油麦菜，轻轻搅拌，立即捞出，沥干水分，待用。
3. 将焯煮熟的油麦菜装入碗中，撒上蒜末，倒入熟芝麻，放入芝麻酱，搅拌匀。
4. 加入少许盐、鸡粉，快速搅拌一会儿，至食材入味。
5. 取一个干净的盘子，盛入拌好的食材，撒上洗净的枸杞子，摆好盘即成。

扫扫二维码
视频同步做美食

京酱肉丝

🕐 烹饪时间：27分钟　🍲 难易度：★★☆　🍶 口味：甜咸

【原料】猪里脊肉 300 克，豆腐皮 1 张，黄瓜、大葱各 50 克，鸡蛋 1 个，香菜 5 克
【调料】盐、鸡粉各 3 克，甜面酱 30 克，淀粉 20 克，食用油适量

---------------------------------- 制作方法 *Making* ----------------------------------

1. 将洗净的大葱切成葱丝，摆盘；洗净的黄瓜切成丝，放在葱丝旁边，待用。

2. 豆腐皮切成四方形，装碗，注入适量温水，浸泡 10 分钟，去除豆皮的豆腥味。

3. 洗净的香菜切段；洗净的里脊肉切丝；往肉里打入鸡蛋，放入淀粉，腌 10 分钟。

4. 热锅注油烧五成热，放入腌渍好的猪肉丝，迅速用筷子划开，炸 5 分钟至变色捞起。

5. 热锅注油，倒入甜面酱、水，加盐、鸡粉、猪肉丝，炒熟，盛盘，倒在做法 1 上。

6. 取出浸泡好的豆腐皮，将炒好的肉丝夹在豆皮上，卷成卷即可食用。

酱萝卜头

⏱ 烹饪时间：2天　🍲 难易度：★☆☆　🥫 口味：酸甜

【原料】白萝卜 220 克，卤水汁 95 毫升
【调料】甜面酱 10 克，盐、鸡粉、白糖各 3 克，陈醋 3 毫升

------------------------------- 制作方法 *Making* -------------------------------

1. 洗净去皮的白萝卜对半切开，切成薄片，待用。
2. 在备好的卤水汁中放入盐、鸡粉、白糖、陈醋、甜面酱，搅拌均匀，制成酱汁。
3. 备好一个大碗，放入白萝卜片，加入调好的酱汁，拌匀。
4. 封上保鲜膜，腌 2 天。
5. 待时间到，撕开保鲜膜，将萝卜放入备好的盘中即可。

扫扫二维码
视频同步做美食

黄豆酱

黄豆·········20克　　大蒜··········适量
姜············适量

调料

盐·········2克　　白糖·········8克

做法

1　将备好的姜洗净，切末；大蒜去皮洗净，切末。

2　黄豆泡发洗净，放入沸水锅中煮熟烂后捞起沥干。

3　将黄豆放入容器中，调入盐、白糖、姜末、蒜末混合拌匀即可。

豆瓣酱

原料

红辣椒······500克　　发酵豆瓣····500克
大蒜········100克

调料

盐··········适量　　白酒··········适量
白糖··········适量

做法

1　大蒜去皮晾干，剁碎，待用。

2　洗净的红辣椒剁碎，待用。

3　取一个大碗，放入红辣椒、大蒜，倒入适量盐、白糖、白酒，搅拌均匀。

4　倒入发酵好的豆瓣，拌匀，装入玻璃罐中，盖上盖子，封存半个月即可。

黄豆酱焖羊排

⏱ 烹饪时间：49分钟　🍲 难易度：★★☆　🧂 口味：咸

【原料】羊排段320克，胡萝卜70克，土豆140克，葱段、蒜片、姜片、香菜碎各少许
【调料】黄豆酱30克，盐3克，鸡粉2克，料酒7毫升，生抽、芝麻油、水淀粉、
　　　　食用油各适量

---------------------------------- 制作方法 *Making* ----------------------------------

1. 将洗净去皮的胡萝卜切滚刀块；洗好去皮的土豆切滚刀块。
2. 锅中加水烧开，放入羊排段，搅匀，氽一会儿，去除血水后捞出，沥干水分，待用。
3. 用油起锅，撒上葱段、蒜片、姜片、爆香，倒入黄豆酱、羊排段，淋上料酒，炒出香味。
4. 倒入土豆块、胡萝卜块，放入生抽，注入清水，加入盐，焖煮至食材熟透，收汁。
5. 加入鸡粉，用水淀粉勾芡，滴上芝麻油，炒出香味，盛盘，装饰上香菜碎即可。

扫扫二维码
视频同步做美食

回锅肉

🕐 烹饪时间：22 分钟　📷 难易度：★☆☆　🗄 口味：咸

【原料】带皮花生肉 200 克，大葱 30 克，蒜苗 25 克，生姜 30 克，红椒 65 克，大蒜 30 克

【调料】盐 3 克，豆豉 20 克，鸡粉 15 克，糖 15 克，红油（辣椒油）10 毫升，花椒粒 5 克，
生抽 10 毫升，豆瓣酱 50 克，料酒 30 毫升，食用油适量

------ 制作方法 Making ------

1. 热锅加水煮沸，放入少许姜片、葱段、花椒、料酒、盐、带皮五花肉，煮至五花肉断生后捞出，放凉后切成薄片，加入生抽拌匀。

2. 热锅注油烧热，放入五花肉，炸至表面金黄捞出。

3. 热锅注油烧热，倒入切好的姜末和蒜末，加入豆瓣酱、豆豉、糖、炒香，放入五花肉，翻炒均匀。

4. 淋入料酒、生抽、红椒、鸡粉、红油，加入切好的蒜苗、葱段，炒香，关火，盛出菜肴即可。

扫扫二维码
视频同步做美食

Cooking Tips

制作回锅肉选肉要精，宜选择新鲜的后腿肉。

口味茄子煲

🕐 烹饪时间：12 分钟

🍲 难易度：★☆☆　🍱 口味：鲜

【原料】茄子 200 克，大葱 70 克，朝天椒 25 克，肉末 80 克，姜片、蒜末、葱花各少许

【调料】盐、鸡粉各 2 克，老抽 2 毫升，生抽、辣椒油、水淀粉各 5 毫升，豆瓣酱、辣椒酱各 10 克，椒盐粉 1 克，食用油适量

----- 制作方法 Making -----

1. 去皮的茄子切成条，大葱切成小段，朝天椒切成圈。
2. 锅中注油烧热，放入茄子，搅匀，炸至金黄色后捞出。
3. 锅留底油，放入肉末，炒散，加入生抽，炒匀，倒入朝天椒、大葱段、蒜末、姜片炒匀。
4. 倒入茄子，加水，放入豆瓣酱、辣椒酱、辣椒油、椒盐粉、老抽、盐、鸡粉、水淀粉，炒匀，盛入砂锅中，加热，撒上葱花即可。

Cooking Tips

茄子浸泡过水以后，要充分沥干水分再入锅，以免影响菜的口感。

扫扫二维码
视频同步做美食

番茄酱

原料

番茄·········· 2 个   柠檬·········· 半个

调料

盐·········· 6 克   水淀粉·········· 适量
白糖·········· 20 克

做法

1   番茄去皮，切成小块，放入搅拌机中打成浆。

2   锅中烧热，倒入番茄，加入盐、白糖，小火熬煮，边煮边搅拌。

3   待锅中熬至浓稠后，加入水淀粉，熬 3分钟，挤入柠檬汁，略煮即可。

金橘辣酱

原料

金橘·········· 330 克   辣椒·········· 15 克

调料

盐·········· 5 克   白糖·········· 8 克
米酒·········· 10 毫升

做法

1   将辣椒洗净，去蒂，去籽，切碎待用。

2   备好的金橘放入锅中，加入适量清水，煮熟，去籽。

3   淋入备好的米酒，加入适量白糖、盐，搅拌均匀。

4   加入辣椒碎，煮成糊状即可。

鱼露

原料

小鱼 ········· 500 克　　蒜泥 ········· 150 克
姜末 ········· 50 克　　虾米 ········· 100 克

调料

冰糖 ········· 50 克　　黄酒 ······ 150 毫升
味精 ········· 50 克　　生抽 ······ 450 毫升

做法

1　将洗净的小鱼用盐腌渍一天，洗净待用。

2　锅中放入小鱼，倒入清水、姜末、蒜泥、虾米，小火煮沸，关火，待其自然冷却后再煮开一次，用纱布过滤。

3　将汁水倒入锅中，加生抽、冰糖、味精、黄酒、烧开，冷却后装进盆中，晾晒一两天，再加盖密封 3 天即可食用。

辛辣汁

调料

辣椒酱 ········· 适量　　白糖 ········· 6 克
蚝油 ········· 适量　　酱油 ········· 10 克
白酒 ········· 适量　　花椒粉 ········· 3 克
芝麻油 ········· 适量　　辣椒粉 ········· 3 克

做法

1　取一碗，倒入辣椒酱、蚝油，加入白酒、芝麻油，拌匀。

2　倒入白糖，淋入酱油，搅拌均匀。

3　撒上适量花椒粉和辣椒粉，拌匀，装碗即可。

番茄酱虾仁锅巴

⏱ 烹饪时间：5分钟　🍲 难易度：★★☆　🧂 口味：酸甜

【原料】鲜虾仁 200 克，锅巴 50 克，青椒 30 克
【调料】白胡椒粉、盐各 2 克，番茄酱 30 克，白醋 6 毫升，水淀粉、料酒各 5 毫升，
　　　　食用油适量

------- 制作方法 **Making** -------

1. 洗净的青椒切块；虾仁用盐、料酒、白胡椒粉、水淀粉，腌 3 分钟。

2. 锅中注油，烧至四成热，倒入腌好的虾仁，油炸至转色，捞出待用。

3. 另起锅注油烧热，倒入青椒块、番茄酱，炒匀，注入适量清水，加入盐、白醋，拌匀。

4. 倒入虾仁，淋入水淀粉，充分翻炒至入味，关火后将炒好的菜肴盛出，盖在备好的锅巴上即可。

扫扫二维码
视频同步做美食

Cooking Tips

腌渍虾仁时可放入适量五香粉，这样味道更好。

锦绣大虾

🕐 烹饪时间：10 分钟

🍲 难易度：★★☆ 🧂 口味：酸甜

【原料】大虾 250 克，西蓝花 120 克，草菇 50 克，圣女果 4 个，葱段少许

【调料】番茄酱 10 克，盐 2 克，鸡粉 1 克，白糖 10 克，海鲜酱油 3 毫升，水淀粉 5 毫升，食用油适量

----- 制作方法 **Making** -----

1. 草菇切片，放入开水锅中余 5 分钟，捞出。

2. 用油起锅，爆香葱段，倒入草菇、切好的西蓝花，炒匀，加少许清水、1 克盐、鸡粉，炒匀，倒入切好的圣女果，炒匀后盛盘待用。

3. 另起锅注油，放入大虾，略煎后倒入番茄酱，搅匀，加适量清水，稍煮，加入 1 克盐、海鲜酱油、白糖、水淀粉，搅匀，关火待用。

4. 将大虾盛入盘中摆好，再浇上酱汁即可。

Cooking **Tips**

将海鲜酱油换成鱼露同样美味。喜欢酸甜口感的可以加大番茄酱的用量。

扫扫二维码
视频同步做美食

红曲烧鸡

⏱ 烹饪时间：17 分钟　🍲 难易度：★★☆　🧂 口味：鲜

【原料】鸡腿 100 克，红曲 15 克
【调料】金橘辣酱适量

-------------------------------- 制作方法 **Making** --------------------------------

1. 将备好的鸡腿洗净，切成块，摘下多余的油脂，装入盘中，待用。
2. 将摘下的鸡油脂放入锅中，转小火烧化，放入备好的红曲，炒香，加入鸡腿块，拌炒均匀。
3. 锅中注入适量清水，加入少许金橘辣酱，用大火煮沸后转小火慢炖15分钟，搅拌匀，盛出即可。

蒜香蟹柳炒黄瓜

⏱ 烹饪时间：5分钟　🍲 难易度：★★☆　🧂 口味：鲜

【原料】蒜末10克，蟹柳100克，黄瓜300克
【调料】鱼露15毫升，盐、鸡粉、白糖各3克，水淀粉2毫升，食用油适量

-------------------------------- 制作方法 **Making** --------------------------------

1. 洗净的蟹柳对半切开；洗净的黄瓜切成条，去籽，再切成小段，待用。
2. 热锅注油烧热，放入蒜末，爆香。
3. 倒入鱼露，放入蟹柳、黄瓜，翻炒均匀。
4. 注入适量的清水，放入盐、鸡粉、白糖，翻炒均匀，放入水淀粉勾芡。
5. 关火后将炒好的菜肴盛入盘中即可。

蒜香鱼露红薯叶

⏱ 烹饪时间：4 分钟　🍲 难易度：★★☆　🧂 口味：鲜

【原料】红薯叶 150 克，蒜末 10 克
【调料】鱼露 10 毫升，食用油适量

------- 制作方法 Making ------

1. 洗净的红薯叶摘下叶子，去掉茎外层老皮，装入碗中，待用。
2. 热锅注入适量的食用油，倒入蒜末爆香。
3. 加入鱼露，倒入红薯叶和茎，翻炒匀。
4. 关火，将炒好的红薯叶盛入盘中即可。

扫扫二维码
视频同步做美食

Cooking Tips

炒红薯叶的时候时间不宜太长，宜用大火快炒。

盐水猪肝

🕐 烹饪时间：5 分钟

🍲 难易度：★☆☆　🧂 口味：咸

【原料】猪肝 200 克

【调料】盐、红椒、辣椒酱、
辛辣汁各适量

----- 制作方法 **Making** -----

1. 将备好的猪肝洗净，放入
   锅中，注入适量清水，大
   火煮熟后转小火续煮一会
   儿，捞出，再放到盐水中，
   腌渍一会儿。
2. 把备好的红椒洗净，去籽，
   切成末，装入碗中，加入
   辣椒酱，搅拌均匀，待用。
3. 将腌好的猪肝切成片，整
   齐摆放在盘中，浇上辣椒
   酱，淋上适量辛辣汁，搅
   拌均匀即可。

Cooking **Tips**

煮制猪肝时，火候很关键，一般以中小火煮制，温度太高，猪肝就会变老，影响口感。

南乳酱

原料

嫩豆腐·········2块
蒜末·········适量

调料

辣椒粉·········适量
盐·········适量
食用油·········适量
白酒·········适量

做法

1 嫩豆腐切成小块，摆放在电饭煲的蒸笼里，套上保鲜袋，扎紧密封，放入温度为16℃的房间，静置7天，发酵。

2 把白酒倒入碗里，取出已培养好的豆腐放酒里浸泡半分钟，泡好取出。

3 将辣椒粉、蒜末、盐装碗，搅拌均匀，放入泡好的豆腐，裹匀。

4 将豆腐装入玻璃罐，倒入食用油盖过豆腐，盖上密封盖，密封15天即可。

豆豉酱

原料

干豆豉·········30克

调料

盐·········4克
五香粉·········5克
食用油·········适量

做法

1 干豆豉用水泡发，沥干水分，放入蒸锅中蒸至软，用勺压成泥状。

2 锅中注油烧热，倒入豆豉，炒香，加入盐、五香粉，炒香，加入少许清水，转小火煮至汤汁收浓即可。

南乳炒牛肚

⏱ 烹饪时间：3分钟　🍲 难易度：★☆☆　🧂 口味：鲜

【原料】熟牛肚110克，芹菜35克，姜、葱各5克，蒜3克
【调料】小南乳20克，鸡粉3克，食用油适量

-------------------------------- 制作方法 Making --------------------------------

1.熟牛肚切条，待用。
2.热锅注油烧热，放入葱、姜、蒜、小南乳，爆香，放入熟牛肚，炒匀。
3.放入芹菜，加入鸡粉，炒匀。
4.关火后将炒好的菜肴盛入盘中即可。

扫扫二维码
视频同步做美食

南乳汁肉

🕐 烹饪时间：70 分钟　🍲 难易度：★★☆　🧂 口味：咸

【原料】五花肉 350 克，南乳 30 克，冰糖 30 克，姜片、葱段、葱花各少许，八角 2 个，
　　　　桂皮 5 克

【调料】鸡粉、盐各 3 克，老抽 3 毫升，水淀粉、料酒、生抽各 5 毫升，食用油适量

------------------------------- 制作方法 *Making* -------------------------------

1. 洗净的五花肉切成小块，倒入沸水锅中，氽去血水，捞出待用。

2. 热锅注油烧热，倒入桂皮、八角、葱段、姜片，爆香，倒入五花肉，炒匀。

3. 加入料酒、生抽，倒入冰糖，继续翻炒至冰糖融化，注入 250 毫升清水。

4. 倒入南乳，炒拌均匀，加入盐、老抽，充分拌匀，大火煮开后转小火煮 1 小时。

5. 加入鸡粉、水淀粉，充分拌匀至入味，关火后将煮好的菜肴盛入盘中，撒上葱花即可。

豆豉酱蒸鸡腿

⏱ 烹饪时间：152 分钟 🍲 难易度：★☆☆ 🧂 口味：鲜

【原料】鸡腿 500 克，洋葱 25 克，姜末 10 克，蒜末 10 克，葱段 5 克
【调料】料酒 5 毫升，生抽 5 毫升，老抽 5 毫升，白胡椒粉 2 克，豆豉酱 20 克，蚝油 3 克，盐 2 克

-------------------------- 制作方法 Making --------------------------

1. 处理好的洋葱切成丝待用；处理干净的鸡腿切开。
2. 取一个碗，倒入鸡腿、洋葱丝、蒜末、姜末、葱段，加入豆豉酱、盐、蚝油、料酒、生抽、老抽、白胡椒粉，搅拌均匀，用保鲜膜将碗包好，放入冰箱腌 2 小时。
3. 取一个蒸盘，将腌渍好的鸡腿放入。
4. 蒸锅上火烧开，放入蒸盘，小火蒸 20 分钟至食材熟透，将蒸熟的鸡腿装入盘中即可。

糖醋汁

原料

白糖·········30 克   白醋·······50 毫升
番茄酱·······40 克

调料

盐···········3 克

做法

1 锅中倒入白醋，加入番茄酱、白糖，搅
   拌均匀。

2 注入适量水，大火烧开。

3 加入适量盐，搅拌均匀，盛出即可。

米粉蒸酱

原料

米粉·········35 克

调料

五香粉·······15 克   盐···········2 克
胡椒粉·······10 克

做法

1 将备好的米粉装碗，倒入适量清水，搅
   拌成糊状。

2 碗中加入五香粉、胡椒粉，搅拌均匀。

3 撒上少许盐，继续搅拌均匀即可。

粉蒸排骨

🕐 烹饪时间：24分钟
🍲 难易度：★☆☆ 🧂 口味：鲜

【原料】排骨200克，蒸肉米粉适量

【调料】料酒、红油各3毫升，葱花2克，鸡精4克，盐5克，米粉蒸酱适量

----- 制作方法 *Making* -----

1. 备好的排骨洗净，剁成小块，待用。
2. 将排骨块倒入锅中，注入适量开水，搅匀，氽一会儿，去除腥味和脏污，捞出，沥干水分，待用。
3. 锅中注入适量食用油，烧至九成热，倒入氽好的排骨，淋入料酒，加入盐、鸡精、红油，略微翻炒一会儿。
4. 米粉加水搅拌，加入米粉蒸酱，与排骨拌匀，放入蒸锅蒸熟，装盘，撒上葱花即可。

Cooking *Tips*
米粉蒸酱中含有较多的盐分，此品可以不用再加盐调味。

蛋黄酱

原料

奶油········· 40 克　面粉·········· 8 克
牛奶········· 50 克　玉米粉········· 8 克
蛋黄·········· 1 个

调料

白糖········· 10 克

做法

1　奶锅中倒入牛奶、白糖、蛋黄，搅拌均匀，加入玉米粉、面粉，拌匀。

2　另起锅，放入备好的奶油，轻轻搅拌一会儿，使其化开。

3　将化开的奶油倒入奶锅中，慢慢加热至浓稠即可。

柴鱼拌醋酱

原料

柴鱼（柴鱼为鳕鱼的干制品）高汤····· 100 克

调料

味精········· 3 克　酱油········· 8 毫升
白醋········· 20 毫升

做法

1　将柴鱼高汤倒入汤锅中，用大火加热。

2　加入味精、白醋、酱油，拌匀，稍煮一会儿。

3　将煮好的酱料盛出即可。

芝麻醋汁

原料

芝麻·········· 15 克

调料

酱油··········适量 胡麻酱（日式芝麻酱）
白糖··········适量 ·············20 克
白醋··········适量 盐············适量

做法

1 将芝麻清洗干净，沥干水分，用中火炒
 香，待用。

2 将炒好的芝麻装碗，加入胡麻酱，拌匀。

3 倒入酱油、盐、白糖，淋入少许白醋，
 拌匀即可。

虾酱

原料

虾·········· 500 克

调料

盐·········· 10 克

做法

1 虾摘去虾头，剥壳，清洗干净。

2 放入搅拌机，加入适量清水，打磨成细
 细的酱状。

3 磨好的虾酱放入适量的盐。

4 装入无油无水的干净瓶子里，密封后放
 入冰箱保鲜发酵 15 天即可。

奶酱烤水果

🕐 烹饪时间：16分钟　🍲 难易度：★☆☆　🧃 口味：甜

扫扫二维码
视频同步做美食

【原料】香蕉2根（180克），橙子1个（150克）
【调料】蛋黄酱20克

-------------------------------- 制作方法 **Making** --------------------------------

1. 香蕉去皮，切成小段；橙子对半切开，切成几瓣，去皮。
2. 往备好的碗中倒入橙子、香蕉、蛋黄酱，拌匀；将拌好的食材摆放在烤盘中。
3. 烤箱摆放在台面上，打开箱门，放入烤盘。
4. 关上箱门，将上下管温度调至220℃，时间设置为15分钟，开始烤制食材。
5. 待时间到打开箱门，取出烤盘，将烤好的食材摆放在盘中即可。

葱辣猪耳

⏱ 烹饪时间：10分钟　🍲 难易度：★★☆　🧂 口味：辣

【原料】猪耳 250 克，葱 30 克
【调料】生抽 10 毫升，盐 3 克，味精 2 克，红油 10 克，柴鱼拌醋酱、食用油
　　　　各适量

-------------------------- 制作方法 *Making* --------------------------

1. 将处理好的猪耳洗净；葱洗净，切成葱花。
2. 将猪耳放入沸水锅中，拌匀，余至熟，捞出，放入凉水中。
3. 将放凉的猪耳捞出，沥干水分，切成片，装盘摆好。
4. 热锅注入适量食用油烧热，放入葱花，爆香，加入红油、生抽，炒匀。
5. 加入适量盐、味精，倒入柴鱼拌醋酱，拌匀，淋在猪耳上即可。

凉拌竹笋

⏱ 烹饪时间：4分钟　🍲 难易度：★☆☆　🧂 口味：鲜

【原料】竹笋 350 克，红椒 20 克
【调料】盐、味精各 3 克，醋 10 毫升，芝麻醋汁适量

------ 制作方法 **Making** ------

1. 备好的竹笋去皮，洗净，切成片，待用。
2. 将切好的竹笋放入锅中，注入适量开水，焯至断生，捞出竹笋，沥干水分，装盘待用。
3. 红椒洗净，切成细丝。
4. 将红椒丝倒入装有竹笋片的盘中，淋入适量醋，加入少许盐、味精、芝麻醋汁，拌匀即可。

Cooking Tips

竹笋焯水的时间不宜过长，以免破坏其脆嫩的口感。

虾酱拌河粉

🕐 烹饪时间：4分钟

🍲 难易度：★★☆ 🍶 口味：鲜

【原料】虾仁80克，西红柿、黄瓜各100克，花生米50克，河粉400克，罗勒（荆芥）叶少许

【调料】盐、鸡粉各2克，白糖3克，虾酱5克，鱼露2毫升，辣椒油、生抽、米醋、食用油各适量

----- 制作方法 Making -----

1. 洗净的黄瓜切丝，西红柿去蒂切丝，虾仁切横刀。
2. 热锅注油烧热，倒入花生米，炸至酥脆，捞出备用。
3. 锅中加水烧开，倒入虾仁，焯至变红，冷却后装盘。
4. 锅中加水烧开，倒入河粉，稍煮，捞入凉水碗中，沥干。
5. 加入西红柿、黄瓜、花生米、罗勒叶、虾仁，倒入盐、鸡粉、生抽、鱼露、米醋、白糖、辣椒油、虾酱，拌匀，盛出即可。

Cooking Tips
花生米的红衣营养价值较高，可不用去除。

扫扫二维码
视频同步做美食

橄榄菜

调料

花生油····· 50 毫升
盐··········适量

做法

1 将橄榄去核清洗干净，用清水浸渍漂洗，滤去酸涩水分。

2 再选取盐渍的芥菜，用刀切碎。

3 把橄榄与芥菜叶放入铁锅，添加花生油及适量盐，以文火煮至熟烂，待冷却后装入玻璃罐中即成。

鲍汁

原料

高汤····· 1000 毫升
排骨········ 150 克
凤爪········ 100 克
海米········· 35 克
干贝········· 50 克
鱼干········· 50 克
火腿········· 50 克

调料

蚝油········· 60 克
鲍鱼酱····· 100 克
植物油···· 500 毫升
老抽······· 10 毫升
麦芽酚········· 2 克

做法

1 将排骨、凤爪、火腿放沸水中余 5 分钟捞出，装碗，表面均抹老抽，晾干。

2 锅中注油烧热，放入排骨、凤爪、火腿，炸 3 分钟，捞入高汤中，放入干贝、海米、鱼干、蚝油、鲍鱼酱烧开，小火焖 24 小时，放麦芽酚过滤即可。

橄榄菜炒饭

⏱ 烹饪时间：3 分钟

🍲 难易度：★★☆ 🧂 口味：鲜

【原料】米饭 200 克，胡萝卜 50 克，玉米粒 60 克，蒜末少许

【调料】盐、鸡粉各 2 克，橄榄菜 40 克，食用油适量

----- 制作方法 *Making* -----

1. 洗净去皮的胡萝卜切片，再切条，最后切丁。

2. 热锅注油烧热，倒入蒜末，爆香。

3. 倒入胡萝卜丁、玉米粒，翻炒至变软。

4. 倒入备好的米饭，翻炒松散，注入少许清水，快速翻炒片刻。

5. 加入盐、鸡粉，翻炒调味，倒入橄榄菜，快速翻炒匀。

6. 关火后将炒好的饭盛出装入碗中即可。

Cooking *Tips*

炒饭时一定要大火快炒，口感才好。

扫扫二维码
视频同步做美食

鲍汁扣鹅掌

⏱ 烹饪时间：8 分钟　🍲 难易度：★★☆　🧂 口味：鲜

【原料】卤鹅掌 150 克，西蓝花 100 克
【调料】盐、水淀粉、食用油各适量，鲍汁 80 克

---------------------------- 制作方法 *Making* ----------------------------

1. 锅中注入适量清水，加少许食用油、盐，拌匀，煮沸。
2. 倒入切好的西蓝花，焯约 1 分钟，捞出，沥干水分，装盘，待用。
3. 炒锅注入适量食用油，烧热，倒入鲍汁，再倒入卤好的鹅掌，拌匀，烧煮约 3 分钟至软烂。
4. 加入水淀粉，用汤勺搅拌，再淋入少许熟油拌匀，关火，用筷子将鹅掌夹入盘中。
5. 再把锅中原汁浇在鹅掌上即成。

Cooking Tips

烹饪鹅掌时，先用高压锅将鹅掌压 10 分钟，可使肉质酥软、爽嫩。

扫扫二维码
视频同步做美食

香辣豆豉酱

原料

豆豉·········适量　　蒜·········适量
葱·········适量　　辣椒·········适量
香菜·········适量

调料

酱油·······20毫升　　白醋·······15毫升
芝麻油·····15毫升　　辣豆瓣酱······适量

做法

1　把备好的香菜、葱、蒜、辣椒分别用清
　　水洗净切好，待用。

2　油锅烧热，加入豆豉、葱、辣椒及蒜末，
　　炒香，倒入酱油、白醋、辣豆瓣酱，煮开。

3　淋入适量芝麻油，拌匀，再撒上香菜末
　　即可。

蚝油酱

原料

蒜·········15克　　蚝油·········50克

调料

白糖·········20克　　红曲·········适量
米酒·········30毫升　　五香粉·········适量

做法

1　将备好的大蒜去除外衣，洗净，拍碎后
　　切成末。

2　将蒜末倒入碗中，加入蚝油、白糖，搅
　　拌均匀。

3　倒入适量米酒、红曲、五香粉，充分拌
　　匀即可。

沙茶酱

原料

花生仁······ 1000 克　　比目鱼干······适量
蒜头碎·······适量　　辣椒碎·······适量
干葱头碎·······适量　　牛奶粉·······适量

调料

色拉油····800 毫升　　沙茶粉·······适量
花生油····500 毫升　　冰糖·······适量

做法

1　锅中加入色拉油烧热，倒入花生仁，小
　　火浸炸 3 分钟后取出，磨成花生酱。

2　取铁锅一只，倒入花生油，烧至七成热，
　　放入蒜头碎、干葱头碎、辣椒碎，小火
　　爆香，加入比目鱼干，炒匀。

3　放入沙茶粉、牛奶粉、冰糖，小火烧化，
　　最后加入磨好的花生酱调匀即成。

金枪鱼酱

原料

金枪鱼肉····· 150 克

调料

酱油·······半小匙　　芝麻油······半小匙

做法

1　将备好的金枪鱼肉倒入锅中，大火煮熟，
　　待用。

2　将煮好的金枪鱼倒入料理机中，打碎，
　　倒入碗中。

3　碗中加入酱油，淋入少许芝麻油，搅拌
　　均匀即可。

沙茶潮汕牛肉丸

🕐 烹饪时间：15 分钟　🍳 难易度：★★☆　🥛 口味：咸

【原料】生菜 220 克，油头牛肉丸 350 克 ，芹菜 4 根
【调料】沙茶酱 10 克，蚝油 10 克，胡椒粉适量，辣椒酱 10 克，食用油适量

---------------------------------- 制作方法 *Making* ----------------------------------

1. 牛肉丸对半切开，打上十字花刀；择去芹菜叶，留芹菜茎，切碎。
2. 洗净的生菜摘成一片一片，叠放成一个圆圈。
3. 炒锅注油烧热，倒入切好的牛肉丸，调成小火，不停搅动，炸至牛肉丸焦黄色，表面酥脆时，捞出，放到铺好生菜的盘里。
4. 另起锅注入食用油，倒入辣椒酱、沙茶酱、蚝油，拌匀，注入 100 毫升清水，煮至沸腾，倒入芹菜粒，搅拌一会儿，将酱汁盛出，浇在炸好的牛肉丸上即可。

东坡肘子

⏱ 烹饪时间：40分钟　🍲 难易度：★★★　🧂 口味：咸鲜

【原料】猪肘子500克，香菇30克，姜、青豆各10克，八角、桂皮、茴香各少许
【调料】盐、白糖各5克，蚝油酱适量

------------------------------ 制作方法 *Making* ------------------------------

1. 猪肘子去毛刮净，入高温油中炸至表皮金黄色后，捞出；香菇泡发，青豆洗净。
2. 将八角、桂皮、茴香、白糖、盐、姜加水煮制成卤水，下入肘子卤至骨酥时，捞出，剁成大块。
3. 将剁好的猪肘子盛入碗内，淋上蚝油酱，碗底放上泡发好的香菇和青豆，上锅蒸半个小时，取出扣入盘中即可。

海鲜酱

原料

干辣椒末······ 15 克
香葱末······ 200 克

调料

食用油······ 50 毫升
虾酱······· 200 克

做法

1 锅中注入适量食用油，开小火，慢慢烧热。

2 放入备好的香葱末、干辣椒末，大火炒香。

3 调入虾酱，用小火慢慢炸制，待虾酱出油即可。

叉烧酱

原料

酱油······ 30 毫升
蚝油········ 30 克
大蒜········· 3 颗
洋葱········ 40 克
葱白········ 30 克

调料

红曲粉········· 5 克
白糖········· 35 克
鱼露········· 5 克
水淀粉········适量
食用油········适量

做法

1 将洋葱、大蒜、葱白分别切碎。

2 取一个玻璃碗，倒入酱油、蚝油、鱼露、白糖，拌匀；另取一碗，倒入红曲粉，加清水，和匀。

3 锅中注油烧热，倒入葱白、大蒜、洋葱，炒香盛出，锅中留油，倒入红曲粉、做法2的材料，加入水淀粉，炒至黏稠即可。

酱爆虾仁

⏱ 烹饪时间：18 分钟

🍲 难易度：★★☆ 🧂 口味：鲜

【原料】虾仁 200 克，青椒 20
克，姜片、葱段各少许

【调料】盐 2 克，白糖、胡椒
粉各少许，蚝油 20 克，海鲜
酱 25 克，料酒 3 毫升，水淀粉、
食用油各适量

----- 制作方法 *Making* -----

1. 将洗净的青椒切开，去籽，
   再切片。
2. 虾仁装碗，加入盐，撒上
   适量胡椒粉，拌匀，再腌
   渍约 15 分钟，待用。
3. 用油起锅，撒上姜片，爆
   香，倒入腌渍好的虾仁，
   炒至淡红色。
4. 放入青椒片，倒入备好的蚝
   油、海鲜酱，炒匀，加入
   少许白糖、料酒，炒匀。
5. 倒入葱段，再用水淀粉勾
   芡，关火后盛出即可。

Cooking Tips

腌渍虾仁时可淋入适量水淀粉，能使其口感更鲜嫩。

烤叉烧

🕐 烹饪时间：40分钟　🍲 难易度：★★☆　🧂 口味：咸

【原料】五花肉170克
【调料】老抽3毫升，料酒5毫升，食用油适量，叉烧酱40克

---------------------------- 制作方法 **Making** ----------------------------

1. 洗净的五花肉去猪皮，切小块。
2. 切好的五花肉装碗，倒入叉烧酱、老抽、料酒，拌匀，腌渍10分钟至入味。
3. 备好烤箱，取出烤盘，放上锡纸，刷上食用油，放上腌好的五花肉，将烤盘放入烤箱中。
4. 关好箱门，将上火温度调至200℃，选择"双管发热"功能，再将下火温度调至200℃，烤25分钟至叉烧熟透。
5. 打开箱门，取出烤盘，将烤好的五花肉装盘即可。

蜜汁叉烧酱鸡腿

⏱ 烹饪时间：272 分钟　🍲 难易度：★★☆　🧂 口味：咸

【原料】鸡腿 350 克，洋葱粒 40 克，姜末、蒜末各 15 克
【调料】生抽 4 毫升，白糖、盐各 3 克，食用油适量，叉烧酱 10 克

-------------------------- 制作方法 Making --------------------------

1. 沸水锅中倒入鸡腿，焯去血水，捞出沥干，装碗，放入洋葱粒、姜末和蒜末，拌匀。
2. 放入叉烧酱，加入白糖，倒入生抽，加入食用油，倒入盐，拌匀，腌渍 4 小时至入味。
3. 取出电饭锅，打开盖子，通电后倒入腌好的鸡腿，加入少许清水至鸡腿 1/2 处。
4. 盖上盖子，调至"蒸煮"状态，煮 30 分钟至鸡腿熟软入味。
5. 打开盖子，断电后将煮好的鸡腿装盘即可。

黑胡椒辣酱汁

原料

西红柿········50克　　玉米粉水·······适量
黑胡椒粉······8克　　鱼高汤········适量

调料

红椒粉········10克　　辣椒粉········25克
咖喱粉········10克　　盐···········少许
白糖·········10克

做法

1　将西红柿去皮，切瓣。

2　锅中烧热，倒入鱼高汤，放入西红柿，大火烧开，加入红椒粉、咖喱粉、辣椒粉稍煮。

3　加入玉米粉水勾芡，用白糖、黑胡椒粉、盐调味即可。

烧烤蜜汁

原料

烧烤酱········20克

调料

蜂蜜·········8克　　白醋·········15克
生抽·········15克　　米酒·········10克

做法

1　取一碗，倒入烧烤酱。

2　加入蜂蜜、生抽、白醋、米酒，拌匀即可。

绍兴醋酱

原料

醋·········· 12毫升　　绍兴酒······ 15毫升

调料

冰糖········· 20克　　　酱油········· 8毫升

做法

1　将备好的冰糖倒入锅中，加热至溶化，倒入碗中。

2　倒入适量绍兴酒、醋和酱油，充分搅拌均匀。

3　将碗放入蒸锅，加盖，蒸3分钟，揭盖，取出蒸好的酱即可。

无锡酱

原料

红谷米······· 15克　　桂皮·········· 8克
青葱········· 50克　　八角·········· 8克
姜·········· 10克　　干辣椒······· 适量

调料

生抽········· 适量　　鱼露········· 适量
冰糖········· 适量　　盐·········· 适量
绍兴酒······· 适量　　味精········· 适量

做法

1　将备好的青葱、姜、干辣椒用清水洗净，切末，待用。

2　将切好的食材装入备好的碗中，加入桂皮、八角、红谷米，拌匀。

3　倒入盐、生抽、冰糖、绍兴酒、鱼露，撒上味精，拌匀，置火上烧开即可。

五更肠旺

⏱ 烹饪时间：10分钟　🍲 难易度：★★☆　🫙 口味：咸

【原料】猪血 200 克，猪大肠 100 克，香菜、胡萝卜各适量
【调料】盐 2 克，味精 1 克，酱油 12 毫升，黑胡椒辣酱汁 10 克，食用油适量

-------------------------------- 制作方法 Making --------------------------------

1. 猪血洗净，切成块；猪大肠洗净，剪开，切成条；香菜洗净；胡萝卜洗净，切丝。
2. 油锅烧热，放入猪肠，炒至变色，再放入猪血翻炒，然后放入香菜、胡萝卜，炒匀。
3. 炒至熟后，加入盐、味精、酱油、黑胡椒辣酱汁，翻炒一会儿，调味。
4. 将炒好的菜肴盛出，装入盘中即可。

新奥尔良烤鸡翅

⏱ 烹饪时间：155 分钟　🍲 难易度：★☆☆　🧂 口味：鲜

【原料】鸡翅 320 克
【调料】新奥尔良烤粉 40 克，烧烤蜜汁 30 克

---------------------------- 制作方法 *Making* ----------------------------

1. 洗净的鸡翅放入备好的碗中，放入新奥尔良烤粉，注入适量清水，搅拌均匀，封上保鲜膜，放入冰箱，腌渍 2 个小时。
2. 取出腌渍好的鸡翅，撕开保鲜膜，注入烧烤蜜汁，搅拌均匀。
3. 烤盘上铺上锡纸，刷上一层油，放入鸡翅，将烤盘放入烤箱中，烤箱温度设置为 200℃，选择上下管加热，烤 30 分钟，取出烤盘，将烤好的鸡翅放入备好的盘中即可。

扫扫二维码
视频同步做美食

农家牛肉拌菜

⏱ 烹饪时间：3分钟　🍲 难易度：★★☆　🧂 口味：酸

【原料】卤牛肉 300 克，黄豆芽、菠菜、冻豆腐各 100 克
【调料】盐 4 克，味精 2 克，醋、酱油、芝麻油、绍兴醋酱各适量

------ 制作方法 Making ------

1. 卤牛肉洗净，切成片；冻豆腐洗净，切成片；黄豆芽择洗干净，菠菜择洗干净，备用。
2. 将备好的原材料放入锅中，倒入适量开水，稍烫一会儿，捞出，沥干水分，放入容器。
3. 取一个碗，倒入调味料，调成味汁，与原材料搅拌均匀，装盘即可。

Cooking Tips
制作本品时可以加入少许木瓜汁，肉质会更嫩。

炒墨鱼

🕐 烹饪时间：10 分钟

🍲 难易度：★★☆ 🧂 口味：咸

【原料】蒜苗、青椒、红椒各
适量，墨鱼 500 克
【调料】盐 3 克，味精 1 克，
醋 8 毫升，酱油 15 毫升，无
锡酱、食用油各适量

----- 制作方法 Making -----

1. 墨鱼洗净，切成段；蒜苗
   洗净，切成段；青椒、红
   椒洗净，去籽，切成片。
2. 锅内注入适量食用油，大
   火烧热，放入墨鱼，翻炒
   至变色卷起。
3. 加入切好的蒜苗、青椒、
   红椒，炒匀。
4. 加入盐、醋、酱油、无锡酱，
   炒至熟。
5. 加入味精调味，起锅装盘
   即可。

Cooking Tips

墨鱼在炒之前先余下水，可缩短炒制时间，使之更易熟。

味噌

原料

大米········ 100 克　　黄豆········ 100 克

调料

盐··········适量

做法

1　将黄豆用清水浸泡一晚，再煮熟黄豆，捣碎。

2　再将捣碎的黄豆与盐均匀搅拌后，加入大米二次煮沸，冷却到不烫手的温度。

3　将冷却好的大米和黄豆放到消毒过的坛中，上面用塑料袋封口，放置于阴凉处，静置 5 个月即可。

泡菜炒酱

原料

辣泡菜········ 80 克

调料

辣酱油········ 40 克　　味噌········ 20 克
芝麻油····· 25 毫升　　白糖··········少许
辣酱·········· 10 克

做法

1　辣泡菜切成丝。

2　将芝麻油倒入锅中，小火烧热，装入碗中，待用。

3　将辣味泡菜丝倒入碗中，加入辣椒油和辣酱，拌至入味，再加入味噌、白糖、芝麻油，搅拌均匀即可。

虾味泡菜酱

原料

大蒜·········· 15 克　　糯米··········· 适量
姜末··········· 适量

调料

白糖·········· 15 克　　鱼露··········· 适量
虾酱·········· 35 克　　辣椒粉········· 适量
盐············ 适量

做法

1　备好的大蒜去皮，切成碎末。

2　将糯米倒入料理机中，加入适量清水，打成米浆，煮熟成糯米糊，盛出待用。

3　将切好的蒜末倒入料理机中，加入虾酱、姜末，拌匀。

4　倒入糯米糊、白糖、鱼露、辣椒粉、盐，搅打均匀即可。

味淋

原料

糯米········ 200 克　　烧酒······· 200 毫升

调料

米曲··········· 适量

做法

1　将洗净的糯米煮熟成糯米饭，放凉待用。

2　熟糯米中加入米曲、烧酒，放入罐中，盖上盖子，封口，放置 1 个月。

3　放置 1 个月后，用纱布过滤，去渣取汁即可。

芝麻味噌煎三文鱼

🕐 烹饪时间：12 分钟　🍲 难易度：★★☆　🧂 口味：咸

扫扫二维码
视频同步做美食

【原料】三文鱼肉、去皮白萝卜各 100 克，白芝麻 3 克
【调料】味噌 10 克，椰子油、生抽、味淋各 2 毫升，料酒 3 毫升，食用油适量

---------------------------------- 制作方法 **Making** ----------------------------------

1. 洗净的三文鱼肉对半切开，成两厚片，装碗，加入椰子油、白芝麻、味噌、料酒、味淋、生抽，拌匀，腌渍 10 分钟至入味；白萝卜切成丝。
2. 热油锅中放入腌好的三文鱼，煎约 90 秒至底部转色，翻面，倒入少许腌渍三文鱼的汁。
3. 续煎约 1 分钟至三文鱼六成熟，翻面，放入剩余的腌渍汁，煎至三文鱼熟透、入味。
4. 关火后盛出煎好的三文鱼，装碗，一旁放入切好的白萝卜丝即可。

泡菜炒肉

⏱ 烹饪时间：5分钟　🍲 难易度：★★☆　🧂 口味：鲜

【原料】五花肉300克，芝麻少许，泡菜、青椒、红椒、洋葱各适量
【调料】白糖2克，泡菜炒酱、食用油各适量

-------------------------------- 制作方法 *Making* --------------------------------

1. 洗净的青椒、红椒去籽，切成条；洗净的洋葱切丝，备用。
2. 洗净的五花肉切片，装入碗中，放入白糖、芝麻，拌匀，使之入味。
3. 将泡菜里的香料去除，挤干水分后，切成小片。
4. 锅中注油烧热，倒入五花肉，翻炒一下，加入泡菜、青椒、红椒、洋葱，炒匀，倒入泡菜炒酱爆炒至熟，装盘即可。

韩式泡白菜 🍲

⏱ 烹饪时间：4分钟　🍲 难易度：★★☆　🧂 口味：咸

【原料】洋葱半个，白菜300克，小葱、大蒜、生姜、青辣椒各适量
【调料】糯米粉少许，粗盐1杯，虾味泡菜酱适量

---------------------------------- 制作方法 *Making* ----------------------------------

1. 将白菜洗净，切段，装碗，倒入虾味泡菜酱，搅拌均匀，腌渍一会儿，至其入味。
2. 小葱切段；大蒜和生姜剁碎；洋葱切丝；青、红辣椒去梗及籽，切菱形。
3. 将做法2加入白菜中拌匀；糯米粉放水中煮成糊，撒盐。
4. 将白菜放进陶罐中，并将糯米糊倒入，覆盖其上，食用时将泡菜和泡菜水一起装盘。

味噌香炸鸡胸肉

⏱ 烹饪时间：8分钟　🍲 难易度：★★☆　🧂 口味：鲜

【原料】鸡胸肉250克，西红柿100克，柠檬块20克，鸡蛋清20克，生菜16克，蒜末少许

【调料】盐2克，胡椒粉2克，椰子油5毫升，豆瓣酱6克，味噌15克，味淋10毫升，淀粉、食用油各适量

-------------------------- 制作方法 Making --------------------------

1. 洗净的鸡胸肉切片，放入盐、胡椒粉，拌匀，腌渍片刻；洗净的生菜摆放在盘中，待用。

2. 取一个碗，倒入椰子油、味噌、鸡蛋清、味淋、豆瓣酱、蒜末，搅拌均匀，放入腌渍好的鸡胸肉，倒入淀粉，裹匀。

3. 锅中注油烧热，放入鸡胸肉，炸至酥脆，将鸡胸肉捞出，摆放在装好生菜的盘中，再摆放上切好的西红柿、柠檬块即可。

扫扫二维码
视频同步做美食

甜味腌酱

原料

花生酱········ 50 克

调料

生抽········ 15 克　　味精········· 5 克
盐·········· 8 克　　白糖········ 15 克

做法

1　将备好的花生酱装入碗中，加入生抽，
　　拌匀。

2　倒入适量白糖，撒上盐，搅拌均匀。

3　最后撒上少许味精，拌匀即可。

椰子油咖喱露

原料

甜菜丁········ 90 克　　低筋面粉····· 60 克
水发裙带菜丝· 100 克

调料

椰子油····· 75 毫升　　咖喱粉······· 30 克
生抽······ 8 毫升　　盐··········适量

做法

1　开水锅中倒入甜菜丁，焯至断生后捞出，
　　过一遍凉开水，待用。

2　榨汁杯中倒入甜菜丁、裙带菜丝、少许
　　煮过的甜菜水，榨成蔬菜汁。

3　碗中倒入面粉、咖喱粉、盐、蔬菜汁、
　　椰子油、生抽，搅成咖喱露。

4　将咖喱露填入冰格，冷冻 24 小时即可。

五香熏鸡

🕐 烹饪时间：12分钟　🍲 难易度：★★☆　🥢 口味：鲜

【原料】香菜30克，湿茶叶50克，五香卤鸡1只
【调料】芝麻油20毫升，白糖25克，甜味腌酱适量

-------------------------------- 制作方法 *Making* --------------------------------

1. 将香菜择洗干净，晾干，塞入备好的五香卤鸡腹内。
2. 将五香卤鸡鸡身均匀地涂抹上甜味腌酱，放置片刻，待用。
3. 取熏锅，铺上湿茶叶，撒入适量白糖，再搁上熏架，放上卤鸡。
4. 盖上锅盖，用大火烧至冒浓烟，改用小火熏5分钟，再端离火口，焖5分钟。
5. 取出熏鸡，刷上适量芝麻油，放凉后切成小块，装盘即成。

鲜虾黄瓜咖喱饭

⏱ 烹饪时间：10 分钟　🍲 难易度：★★☆　🧂 口味：咸

【原料】白洋葱 60 克，虾仁 50 克，黄瓜 100 克，圣女果、米饭各 150 克
【调料】椰子油咖喱露 50 克，蒜末 10 克，盐 2 克，椰子油 10 毫升

------------------------------ 制作方法 *Making* ------------------------------

1. 洗净的白洋葱去根部，切粗条，切块；洗好的黄瓜切圆片；洗净的圣女果去蒂，对半切开，待用。
2. 锅置火上，倒入一半椰子油，烧热，放入黄瓜片，翻炒数下。
3. 倒入处理干净的虾仁，翻炒 1 分钟至转色卷曲，关火后盛出食材，待用。
4. 另起锅，倒入剩余椰子油，烧热，放入蒜末，爆香。
5. 倒入白洋葱块、圣女果，炒匀，倒入适量清水至没过锅底，搅匀。
6. 加入椰子油咖喱露，搅拌均匀，煮至沸腾。
7. 加盖，用小火煮 5 分钟至食材熟软，揭盖，加入炒好的黄瓜和虾仁。
8. 放入盐，搅拌均匀，稍煮片刻至入味。
9. 关火后将菜肴盛入装有米饭的碗中即可。

Cooking *Tips*

制作时还可以根据个人喜好加入其他种类的蔬菜。

扫扫二维码
视频同步做美食

芥末高汤酱

原料

芥末········· 30 克　　鸭高汤······· 30 克

调料

奶油········· 25 克

做法

1 备好一个干净的锅，大火烧热后，放入芥末。

2 倒入备好的鸭高汤，用中火煮沸，再用小火续煮一会儿。

3 加入适量奶油，边煮边搅拌，至浓稠状即可。

黄芥末酱

原料

黄芥末粉····· 200 克

调料

橄榄油········适量

做法

1 将备好的黄芥末粉装碗，加入适量清水拌匀。

2 倒入适量橄榄油，充分搅拌均匀，装入碗中即可。

日式照烧酱

芝麻·········适量   水淀粉·········适量

白糖·········8克   酱油·········适量
味淋·········适量   清酒·········适量

1 锅置火上，放入清酒，待酒精蒸发，放入芝麻。

2 加入适量水淀粉、味淋、酱油，中火煮至开。

3 放入白糖，煮至溶化，倒入水淀粉勾芡即可。

韩式辣椒酱

黄豆·········适量

盐、姜末·····各适量   白糖·········10克
蒜末·········适量   韩国辣椒粉····20克

1 姜、蒜洗净，切末；黄豆放入水中浸泡1～2天。

2 锅中加水，放入泡好的黄豆，用大火煮至熟烂。

3 捞出煮好的黄豆，沥干水分，捣烂，再放入韩国辣椒粉、白糖、盐、姜、蒜拌匀即可。

意大利北萨酱

原料

西红柿·········2个　　洋葱·········40克
大蒜·········4瓣

调料

黑胡椒碎·····1/4勺　　盐·········2克
橄榄油·······15克　　白糖·········10克
番茄酱·······2大勺

做法

1　将西红柿去皮，切小块；大蒜、洋葱分
　　别切碎。

2　锅中放入橄榄油烧热，倒入蒜末、洋葱，
　　炒香，加入西红柿，炒匀，倒入番茄酱，
　　炒匀。

3　锅中加入适量清水，炒5分钟，待酱汁
　　稍浓，加入白糖、盐、黑胡椒粉，炒匀，
　　待汤汁收浓即可。

泰式酸辣酱

原料

泰式辣椒酱·····30克　　蒜末·········10克

调料

柠檬汁······10毫升　　食用油········适量
白糖·········5克

做法

1　锅中注油烧热，放入蒜末，爆香。

2　放入泰式甜辣酱、白糖，注入适量清水，
　　小火煮沸。

3　关火，挤入柠檬汁，拌匀即可。

酱吃猪肚蟹柳

⏱ 烹饪时间：3分钟　🍲 难易度：★★☆　🧂 口味：咸

【原料】熟猪肚 30 克，黄瓜 80 克，蟹柳 20 克，熟白芝麻 7 克
【调料】黄芥末酱、番茄酱各 20 克

-------------------------------- 制作方法 Making --------------------------------

1. 洗净的黄瓜去掉尾部，切粗条，改切成丁。
2. 熟猪肚切粗条，改切成短条。
3. 蟹柳切开，改切等长的条。
4. 往备好的盘中倒入黄瓜丁、猪肚条、蟹柳条。
5. 放上适量黄芥末酱、番茄酱，拌匀，撒上熟白芝麻即可。

韩式香煎五花肉

⏱ 烹饪时间：8分钟　🍲 难易度：★☆☆　🔋 口味：辣

【原料】五花肉 330 克，生菜 170 克，白芝麻 10 克
【调料】韩式辣椒酱 35 克，大蒜 35 克

-------------------------------- 制作方法 *Making* --------------------------------

1. 大蒜去皮切成薄片，生菜洗净，放入盘中；洗净的五花肉切成薄片，待用。
2. 热锅放入五花肉片，煎 2 分钟，翻至另一面，再煎 3 分钟。
3. 将煎好的五花肉夹至备有大蒜和生菜的盘中。
4. 刷上一层韩式辣椒酱，撒入白芝麻即可。

Cooking Tips

做这道菜建议用平底锅，不放油，这样可以把五花肉里的油分最大程度地逼出来。

扫扫二维码
视频同步做美食

四季豆炒肉末

🕐 烹饪时间：5分钟　🍲 难易度：★★☆　🧂 口味：鲜

【原料】红辣椒 10 克，四季豆 200 克，猪肉 100 克，洋葱 25 克
【调料】盐 3 克，日式照烧酱适量

------------------------------ 制作方法 Making ------------------------------

1. 将处理干净的猪肉剁成猪肉末，四季豆切成段，洋葱切成丝，装入碗中，备用。
2. 炒锅置火上，放油烧至六成热，放入红辣椒，炒香。
3. 倒入四季豆，滑炒至熟，放盐调味，盛出装盘。
4. 油锅再烧热，倒入肉末、酱料炒香。
5. 放入洋葱炒熟，放盐调味，淋在四季豆上即可。

肉酱空心意面

🕐 烹饪时间：8 分钟　🍲 难易度：★★☆　🧂 口味：鲜

【原料】肉末 70 克，洋葱 65 克，熟意大利空心面 170 克
【调料】意大利北萨酱 40 克，盐、鸡粉各 2 克，食用油适量

---------------------------------- 制作方法 *Making* ----------------------------------

1. 处理好的洋葱切片，再切成丁。
2. 热锅注油烧热，倒入肉末，翻炒至转色。
3. 倒入备好的洋葱、意大利北萨酱、空心面，快速翻炒均匀。
4. 加入盐、鸡粉，快速翻炒至入味。
5. 关火后将炒好的面盛出装入盘中即可。

扫扫二维码
视频同步做美食

泰式酸辣虾汤

⏱ 烹饪时间：10分钟　🍲 难易度：★★☆　📱 口味：咸

【原料】基围虾 4 只（80 克），西红柿 150 克，去皮冬笋 120 克，茶树菇 60 克，
　　　　去皮红薯 60 克，牛奶 100 毫升，香菜少许，朝天椒 1 个
【调料】椰子油 5 毫升，盐 2 克，黑胡椒粉 3 克，泰式酸辣酱 30 克

--------------------------- 制作方法 *Making* ---------------------------

1. 红薯切成丁，倒入沸水锅中，煮至断生后捞出，将焯红薯的汤水盛入碗中，待用。
2. 往备好的榨汁杯中加入红薯、牛奶、泰式酸辣酱、1 克盐，倒入红薯汤水，开始榨汁。
3. 沸水锅中倒入处理好的基围虾，加入切好的茶树菇、冬笋块、西红柿块、朝天椒圈。
4. 加入 1 克盐，大火煮开后转小火煮 8 分钟，将榨好的汁倒入锅中，加入黑胡椒粉、椰子油，拌匀入味。
5. 关火后将煮好的汤水盛入碗中，放上香菜即可。

Cooking *Tips*

处理基围虾时，要将虾线去掉，这样口感更好。

扫扫二维码
视频同步做美食

XO 酱

原料

泡发干贝·····	100 克	葱碎·········	20 克
笋尖·········	60 克	姜·········	5 克
泡发海米·····	60 克	蒜片·········	5 瓣
洋葱丝·········	适量	丁香鱼干·····	50 克

调料

料酒·········	1 小勺	蚝油·········	1 大勺
白米醋·····	1 小勺	白糖·········	1 大勺
辣酱、生抽·各 1 大勺		食用油·········	适量

做法

1. 干贝中加入料酒、白米醋和葱姜、水，蒸 30 分钟，撕成丝，切丁的笋尖焯水。

2. 锅中注油烧热，倒入干贝丝，煸炒约 2 分钟，盛出，再倒入笋尖爆炒出锅。

3. 下入海米、丁香鱼干，煸炒，盛出。另起油锅，放入蒜片、洋葱丝、干贝丝、海米、丁香鱼干、笋尖、余下调料，炒匀即可。

法式沙拉酱

原料

色拉油········	20 克	红椒粉·········	5 克
红酒醋······	15 克	香菜·········	5 克
洋葱·········	8 克	牛肉高汤·····适量	

调料

白糖·········	4 克	盐·········	4 克
黑胡椒粉·····	2 克	法式芥末酱····	10 克

做法

1. 把备好的洋葱、香菜用清水洗净，切碎，待用。

2. 将切好的洋葱和香菜倒入碗中，加入色拉油、红酒醋、法式芥末酱，拌匀。

3. 倒入红椒粉、牛肉高汤，加白糖、盐、黑胡椒粉，拌匀即可。

洋葱西蓝花沙拉

🕐 烹饪时间：3分钟　🍲 难易度：★☆☆　🧂 口味：鲜

【原料】西蓝花 100 克，洋葱 50 克，西红柿 80 克
【调料】法式沙拉酱适量

-------------------------------- 制作方法 *Making* --------------------------------

1. 西蓝花洗净，切成朵；洋葱洗净，切碎。
2. 西红柿洗净，一部分切碎粒，一部分切片。
3. 将西蓝花放入沸水锅中焯熟后捞出。
4. 将西蓝花、洋葱粒、西红柿粒一起装入盘中。
5. 加入法式沙拉酱，用筷子充分搅拌，至材料混合均匀，再用切好的西红柿片围边即可。

XO 酱炒肠粉

⏱ 烹饪时间：10分钟　🍲 难易度：★★☆　🧂 口味：辣

【原料】肠粉 480 克，朝天椒 10 克，葱花 15 克
【调料】XO 酱 22 克，叉烧酱 35 克，辣椒酱 35 克，食用油适量

-------------------------------- 制作方法 *Making* --------------------------------

1. 备好的肠粉切段，装盘待用。
2. 洗净的葱去根，切成葱花，装碗待用。
3. 洗净的朝天椒去蒂，切圈，装碗待用。
4. 热锅注油烧热，放入朝天椒爆香，放入辣椒酱炒香，放入叉烧酱炒香，再放入 XO 酱、
   肠粉、清水、葱花，翻炒均匀，盛出即可。

Cooking Tips

猪肠粉可先放微波炉里加热使其变柔软，切的时候不易断裂，同时也能
缩短炒粉的时间。

Chapter 3

"酱"出美味家常菜
——家常酱汁篇

酱汁可以为菜品加分,让原本平淡无奇的家常菜平添
美味。想要多变化菜色,一个简单的方法是学习家常
酱汁的制作方法,即使随便烫个青菜、肉片,淋上这
些酱料也会让口感大为提升。

香菇酱

原料

香菇	400 克	干辣椒碎	适量
洋葱	20 克	葱、姜、蒜	各适量

调料

五香粉	适量	豆瓣酱	1 勺
酱油	适量	辣黄豆酱	2 勺
白糖	适量	食用油	适量
蚝油	适量		

做法

1 香菇去蒂切丁，葱、姜、蒜、洋葱切末。

2 锅中注油烧热，放入干辣椒碎，小火炒出红油，加入洋葱末、葱、姜及一半蒜末，炒出香味。

3 加入香菇丁、酱油、豆瓣酱、辣黄豆酱，炒至汤汁变浓，加蚝油、五香粉、白糖，炒至酱汁红亮，放入另一半蒜末炒匀即可。

红葱汁

原料

红葱头	60 克	草果	适量
姜末	适量	八角	适量
花椒	适量		

调料

白糖	适量	酱油	适量

做法

1 把备好的八角、草果洗净，用布包好，制成香料包，待用。

2 将花椒、姜末、红葱头放入锅中，炒出香味。

3 放入香料包，加入适量清水，大火烧开后转小火续煮一会儿，最后取出香料包即可。

剁椒酱

调料

红辣椒········ 50 克

调料

白醋········· 10 克　　盐············· 5 克
姜········· 15 克

做法

1　红辣椒洗净，去籽，剁成细末，装入碗中；姜去皮，洗净，切末。

2　将生姜、盐、白醋倒入红辣椒中，充分搅拌均匀。

3　用保鲜膜封住碗口，腌制 2 天即可。

东北大酱

原料

青、红椒······ 10 克　　洋葱·········· 15 克
大蒜·········· 10 克

调料

海鲜酱········ 35 克　　食用油········ 适量

做法

1　青、红椒洗净，切成碎末；大蒜切成末；洋葱切成末。

2　热锅注油烧热，倒入切好的食材，炒香。

3　倒入海鲜酱，翻炒均匀即可。

豉汁蚝油酱

原料

豆豉⋯⋯⋯⋯ 15 克　　姜⋯⋯⋯⋯⋯ 15 克
大蒜⋯⋯⋯⋯ 15 克

调料

米酒⋯⋯⋯⋯ 15 毫升　　蚝油⋯⋯⋯⋯ 15 克
白糖⋯⋯⋯⋯ 6 克　　食用油⋯⋯⋯⋯适量
酱油膏⋯⋯⋯ 10 克

做法

1　将大蒜去皮洗净，切成蒜末；姜洗净，
　　切成姜末。

2　热锅注油烧热，加入适量蒜末、姜末、
　　豆豉，炒香。

3　放入适量米酒、蚝油、白糖、酱油膏，
　　拌匀即可。

辣味姜汁

原料

葱⋯⋯⋯⋯⋯ 15 克　　姜⋯⋯⋯⋯⋯ 15 克
红椒⋯⋯⋯⋯ 15 克

调料

盐⋯⋯⋯⋯⋯ 2 克　　食用油⋯⋯⋯⋯适量
红油⋯⋯⋯⋯ 20 克

做法

1　姜洗净，切末；葱洗净，切成葱花；红
　　椒洗净，切碎。

2　热锅注油烧热，加入适量姜末、红椒碎，
　　炒香。

3　淋入少许红油，加入盐，拌匀，撒上葱
　　花即可。

剁椒蒸鱼块

⏱ 烹饪时间：16分钟　🍲 难易度：★★☆　🍱 口味：咸

【原料】草鱼肉 150 克，红椒末 10 克，葱花 5 克，姜末 5 克
【调料】剁椒酱 25 克，芝麻油适量

--------------------------------- 制作方法 *Making* ---------------------------------

1. 处理好的草鱼肉切小段。
2. 取一小碗，放入剁椒酱、红椒、姜末、芝麻油，拌匀，制成调料，待用。
3. 取一个盘子，放入草鱼肉，倒入制好的调料，盖上保鲜膜。
4. 入蒸锅沸水旺火蒸 8 分钟。
5. 待时间到开盖，揭去保鲜膜，将食材摆放在盘中，撒上葱花即可。

扫扫二维码
视频同步做美食

剁椒焖鸡翅

⏱ 烹饪时间：18分钟　🍲 难易度：★☆☆　🍴 口味：咸

扫扫二维码
视频同步做美食

【原料】鸡翅 350 克，葱段、姜片、蒜末各少许

【调料】剁椒酱 25 克，盐、鸡粉各 2 克，老抽 2 毫升，生抽、料酒各 5 毫升，水淀粉 10 毫升，食用油少许

-------------------------------- 制作方法 *Making* --------------------------------

1. 锅中加水煮沸，倒入洗净的鸡翅，煮至断生，捞出待用。

2. 用油起锅，倒入葱段、姜片、蒜末，大火爆香，放入剁椒酱，炒匀，放入余煮过的鸡翅，炒香炒透，加入生抽、盐、鸡粉、料酒调味，注入适量清水，没过鸡翅。

3. 大火煮沸后转小火，续煮约 10 分钟至食材熟软，淋入少许老抽，炒匀调色。

4. 用大火收汁，倒入水淀粉，翻炒均匀，将焖煮熟的鸡翅盛放在盘中，浇上锅中的汤汁即可。

鱼香肉丝

⏱ 烹饪时间：8 分钟　🍲 难易度：★★☆　🧂 口味：鲜

【原料】胡萝卜丝 150 克，竹笋丝 100 克，水发木耳丝 24 克，猪瘦肉 200 克，
　　　　葱段 35 克，香菜少许
【调料】白糖、盐、酱油、醋、水淀粉、辣味姜汁各适量

-------------------------------- 制作方法 Making --------------------------------

1. 取一个碗，倒入适量水淀粉、白糖、酱油、醋，搅拌匀，调成味汁，待用。
2. 将竹笋丝、胡萝卜丝、木耳丝分别焯至断生后捞出，过凉水后待用。
3. 锅中注油烧热，倒入用盐和水淀粉腌渍过的猪瘦肉丝滑油，捞出，待用。
4. 用油起锅，倒入猪瘦肉丝和焯好的食材，加入适量盐，炒匀，倒入调好的味汁，淋
   上辣味姜汁，翻炒片刻；关火后盛出装盘，撒上葱段，点缀上香菜即可。

芦笋洋葱酱汤

⏱ 烹饪时间：4分钟　🍲 难易度：★☆☆　🧂 口味：鲜

扫扫二维码
视频同步做美食

【原料】白洋葱、鸡胸肉各 30 克，芦笋 20 克
【调料】东北大酱 10 克

-------------------- 制作方法 *Making* --------------------

1. 洗净的白洋葱切片，掰开成丝；洗净的鸡胸肉斜刀切薄片；洗净的芦笋切成等长段。
2. 往东北大酱中倒入适量清水，拌匀，待用。
3. 在碗中倒入白洋葱、芦笋、鸡胸肉、东北大酱，注入 150 毫升清水，用保鲜膜封严。
4. 备好微波炉，放入食材，关上箱门，加热 3 分钟。
5. 打开箱门，将食材取出，撕开保鲜膜即可。

梅菜蒸鲈鱼

⏱ 烹饪时间：12分钟　🍲 难易度：★★☆　🧂 口味：鲜

【原料】鲈鱼 500 克，梅菜 200 克
【调料】姜 5 克，葱 6 克，豉汁蚝油酱适量

---------------------------- 制作方法 Making ----------------------------

1. 将梅菜洗净，剁成碎末；鲈鱼去除鱼鳞及内脏，宰杀洗净；姜、葱洗净，切丝，待用。
2. 梅菜装入碗中，加入适量豉汁蚝油酱，撒上姜丝，拌匀，制成味汁。
3. 鲈鱼装入蒸盘，淋上味汁，再将蒸盘放入蒸笼，上锅蒸 10 分钟，取出，撒上葱丝即可。

酱焖鲫鱼

🕐 烹饪时间：12 分钟　🍲 难易度：★★☆　🧂 口味：鲜

【原料】鲫鱼 700 克，红椒 50 克，葱段、姜丝各少许
【调料】香菇酱 40 克，生抽、料酒各 5 毫升，盐 5 克，白糖 2 克，水淀粉 3 毫升，
　　　　胡椒粉、食用油各适量

------------------------------ 制作方法 *Making* ------------------------------

1. 在处理干净的鲫鱼身上抹上盐，腌渍 5 分钟。
2. 热锅注油烧热，放入鲫鱼，煎至两面微黄，盛入盘中。
3. 热锅注油烧热，倒入姜丝、葱段、香菇酱，炒香，淋入生抽、料酒、水，放入鲫鱼，
4. 加入盐、白糖、胡椒粉，加盖，烧开后转中火焖 5 分钟，揭盖，将鲫鱼盛入盘中。
5. 将红椒倒入锅内，加水淀粉翻炒至汤汁浓稠，关火，将汤汁浇在鲫鱼上即可。

Cooking **Tips**

汤汁不宜调制过浓，以免味道偏咸。

扫扫二维码
视频同步做美食

105

花生酱

原料

花生········ 300 克   芝麻··········适量

调料

白糖··········适量   花生油········适量

做法

1   锅中放入花生，小火炒熟，摊开放凉，去皮，倒入料理机内，倒入适量白糖。

2   锅中放入芝麻，小火炒熟，放凉，倒入料理机中。

3   锅中注入花生油烧热，放凉后倒入料理机中，启动开关，把花生和芝麻打成黏稠的糊状即可。

辣椒腌酱

原料

泡青椒········ 15 克   泡红椒········ 15 克

调料

冰糖·········· 30 克   白醋········ 80 毫升
盐·········· 10 克

做法

1   将泡红椒、泡青椒分别洗净，沥干水分，待用。

2   将泡红椒、泡青椒倒入锅中，加入适量白醋，拌匀。

3   倒入冰糖，撒上少许盐，拌匀，用中火煮开即可。

芥末葱花酱

原料

芥末·········· 10 克   葱·············· 3 克

调料

酱油··········· 6 克   味精··········· 2 克

做法

1 将备好的葱洗净，切成葱末，装入碗中，待用。

2 碗中倒入适量芥末，淋入少许酱油，搅拌匀。

3 加入味精，搅拌均匀即可。

海鲜烧烤酱

原料

姜············· 15 克   玉米粉········ 10 克

调料

生抽·········适量   白糖·········适量
韩国辣酱······适量   芝麻油········适量
胡椒粉········适量   鸡精·········适量

做法

1 备好的姜洗净，剁成姜泥。

2 将姜泥装碗，加入玉米粉、生抽、韩国辣酱，拌匀。

3 倒入胡椒粉、白糖、芝麻油、鸡精，拌匀即可。

花生酱烤肉串

🕐 烹饪时间：18分钟　🍲 难易度：★★☆　🧂 口味：鲜

【原料】白芝麻 10 克，猪肉 200 克
【调料】盐 2 克，花生酱 20 克，鸡粉、料酒、生抽、黑胡椒各适量

------- 制作方法 Making ------

1. 处理好的猪肉切成片，装入碗中，放入适量盐、鸡粉、料酒、生抽、黑胡椒，拌匀，腌渍片刻。

2. 用竹签依次串起腌好的猪肉，均匀刷上花生酱，撒上白芝麻。

3. 烤盘上铺上锡纸，刷上食用油，放入肉串，推入烤箱，温度调为220℃，选择上下火加热，烤15分钟。

4. 待时间到，打开箱门，取出烤盘，将烤好的猪肉串装入盘中即可。

扫扫二维码
视频同步做美食

Cooking Tips

猪肉可多腌渍片刻，不仅去腥味而且味道更鲜嫩。

泡莴笋

🕐 烹饪时间：5分钟

🍲 难易度：★☆☆ 🧂 口味：辣

【原料】莴笋 500 克
【调料】大蒜 10 克，红油 8
毫升，辣椒腌酱适量

----- 制作方法 **Making** -----

1. 莴笋去皮，洗净，切成段，
   再切成薄片，待用。
2. 大蒜去皮洗净，用捣蒜器
   捣成蒜蓉。
3. 将切好的莴笋片装入碗
   中，加入辣椒腌酱、蒜蓉，
   拌匀，腌 2 分钟。
4. 将腌好的莴笋片装入盘
   中，摆好，再淋上适量红
   油即可。

Cooking Tips

制作好的成品可以撒上少许芝麻和芝麻油，增加菜肴的香味。

芙蓉生鱼片

🕐 烹饪时间：10 分钟　🍲 难易度：★★☆　🧂 口味：鲜

【原料】清汤 350 毫升，生鱼（黑鱼）400 克，鸡蛋清 60 克
【调料】盐 4 克，味精 2 克，淀粉 10 克，芥末葱花酱适量

- 制作方法 *Making* -

1. 生鱼去除鱼鳞和内脏，洗净，切成片，待用。
2. 淀粉倒入碗中，加入适量清水，搅拌均匀，制成水淀粉，倒入生鱼片，使之均匀挂上浆，待用。
3. 将蛋清装入另一个碗中，加入适量盐、味精，倒入适量清汤，搅拌均匀，待用。
4. 放入上浆的鱼片，转入蒸笼中，加盖，大火蒸 8 分钟至熟，揭盖，取出蒸好的鱼片，再淋上芥末葱花酱即成。

烤鱿鱼

⏱ 烹饪时间：12分钟　🍲 难易度：★★☆　🧂 口味：鲜

【原料】鱿鱼500克
【调料】盐、海鲜烧烤酱各适量

---------------------------- 制作方法 Making ----------------------------

1. 将新鲜的鱿鱼洗净后纵向切半，洗净。
2. 放入碗中，撒上少许盐，拌匀，腌渍片刻。
3. 将腌好的鱿鱼洗净，沥干水分，在其里层刻十字花刀，切块。
4. 将切好的鱿鱼放入沸水锅中，余片刻，沥干水分。
5. 将鱿鱼块装入盘中，刷上海鲜烧烤酱，放入烤箱中烤熟即可。

咖喱膏

原料

咖喱粉········ 20 克　　蒜末············ 5 克
黄油········· 40 克

调料

白糖········适量　　盐············适量

做法

1 锅置于火上加热，放入黄油，至其融化。

2 转小火，倒入咖喱粉、蒜末，翻炒均匀，至炒出黄色的咖喱油。

3 加入糖、盐，拌匀调味，关火后盛出即可。

三杯酱汁

原料

酱油········15 毫升　　芝麻油······15 毫升
米酒········ 15 毫升

调料

白糖········ 30 克

做法

1 将白糖装入备好的碗中，待用。

2 碗中倒入适量米酒，不断搅拌，至白糖溶化。

3 倒入适量酱油、芝麻油，混合拌匀即可。

咖喱金瓜鸡丝汤

🕐 烹饪时间：26 分钟　🍲 难易度：★☆☆　🧂 口味：鲜

【原料】金瓜 1 个，豌豆 48 克，鸡胸肉 100 克，姜丝 12 克，高
　　　汤 800 毫升，椰浆 30 毫升，　平菇 112 克，香菜 2 克
【调料】咖喱膏 30 克，盐 2 克，糖 3 克

-------------------------------- 制作方法 Making --------------------------------

1. 金瓜顶部用戳刀戳出花纹，将顶部揭开，挖出瓜籽、瓜瓤，放入蒸锅中蒸 20 分钟，
   再取出。
2. 洗净的鸡胸肉切成丝；平菇去蒂，用手撕成条；洗净的香菜切成段。
3. 热锅注入高汤，煮沸，放入姜丝、咖喱膏，再放入豌豆、鸡丝、平菇，拌匀，煮 2 分钟。
4. 放入盐、糖、椰浆，拌匀，煮 2 分钟，将煮好的食材捞至金瓜中，放入香菜即可。

扫扫二维码
视频同步做美食

113

三杯卤猪蹄

🕐 烹饪时间：98 分钟　🍲 难易度：★★☆　🧂 口味：咸

【原料】猪蹄块 300 克，青椒圈 25 克，葱结、姜片、蒜头、八角、罗勒（荆芥）
　　　　叶各少许
【调料】三杯酱汁 120 毫升，盐 3 克，食用油适量，白酒 7 毫升

-------------------------------- 制作方法 *Making* --------------------------------

1. 锅中水烧开，放入洗净的猪蹄块，煮约 2 分钟，去除污渍，捞出待用。
2. 锅中加水烧热，倒入氽好的猪蹄，淋入白酒，倒入八角、一半姜片、葱结，加入适量盐，
   大火煮沸后转小火煮约 60 分钟，至食材熟软，关火后捞出煮好的猪蹄块，待用。
3. 用油起锅，放入蒜头、余下的姜片、青椒圈，爆香，注入三杯酱汁，倒入煮过的猪蹄，
   加适量清水，煮至食材入味，放入罗勒叶，拌匀，关火后盛出猪蹄，摆好盘即可。

Cooking Tips

猪蹄氽好后应再过一遍凉水，能更彻底地洗去污渍。

麻辣酱

原料

朝天辣椒粉···· 20 克　　豆豉··········· 5 克
花椒粉········· 8 克　　蒜蓉··········· 5 克
豆瓣酱········ 15 克

调料

色拉油····· 10 毫升　　白糖··········· 2 克
盐··········· 2 克

做法

1　将朝天辣椒粉、花椒粉装入碗中，加入适量白开水拌匀，制成酱汁备用。

2　豆豉洗净后与豆瓣酱一起剁碎成泥。

3　色拉油放入锅中，烧热，加入剁碎的豆豉与豆瓣酱，小火炒香，加入酱汁，拌匀。

4　加入盐、白糖，小火翻炒约 5 分钟即可。

柱候酱

原料

黄豆········ 200 克　　黑芝麻······· 50 克

调料

盐············· 适量　　白糖·········· 适量
生抽·········· 适量

做法

1　将黄豆和黑芝麻分别炒香，放凉待用。

2　将炒香的黄豆、黑芝麻分别磨成粉，装入碗中，加入适量盐、白糖、生抽，拌匀。

3　将碗放入烧开的蒸锅中，蒸至熟烂，放凉后装入玻璃罐中密封保存即可。

甜辣酱

原料

蒜头··········适量　　葱··········适量
辣椒··········适量

调料

鱼露·······40 毫升　水淀粉·······少许
白糖·······20 克　　柠檬汁·······少许

做法

1　将备好的蒜头、葱、辣椒洗净，分别切
　　成末。

2　锅中注油烧热，放入蒜头、葱、辣椒，
　　炒匀，倒入鱼露、白糖，炒匀。

3　倒入柠檬汁，炒匀，再用水淀粉勾芡
　　即可。

简易辣椒酱

原料

甜米酒·····100 毫升
七味唐辛子···· 10 克

调料

盐··········· 6 克

做法

1　往备好的碗中倒入甜米酒、七味唐辛子，
　　加入盐。

2　将材料充分拌匀，倒入备好的杯中即可。

Cooking Tips

七味唐辛子，简称七味粉，是日料中以辣椒
为主料的调味品。

猪肝碗坨

🕐 烹饪时间：35分钟 🍲 难易度：★☆☆ 🧂 口味：麻辣

扫扫二维码
视频同步做美食

【原料】荞麦面粉、黄豆面粉各50克，猪肝60克，蒜泥10克，葱段、姜片、香菜碎各8克，八角3个，香叶1克，桂皮3克，花椒2克
【调料】盐、鸡粉各3克，麻辣酱15克，生抽、陈醋各3毫升，芝麻油、食用油、水淀粉各适量

------------------------------------- 制作方法 *Making* -------------------------------------

1. 取一碗，用刷子刷上一层油，放入黄豆面粉、荞麦面粉、盐，边搅拌边注入适量清水，拌成面糊，封上保鲜膜，放入蒸锅蒸25分钟，取出，将碗中食材切成长条块。

2. 锅中加水，放入葱段、八角、花椒、桂皮、香叶、姜片，再放入猪肝，煮至变色后捞出。

3. 将放凉的猪肝切成小块，待用；热锅注油烧热，放入蒜泥、麻辣酱炒香，放入猪肝，翻炒一会，倒入生抽、陈醋，翻炒至入味，放入盐、鸡粉、水淀粉、芝麻油炒匀。

4. 关火，将炒好的食材盛至面饼上，撒上香菜碎即可。

甜辣酱烤扇贝

⏱ 烹饪时间：8分钟　🍲 难易度：★★☆　📷 口味：甜辣

【原料】扇贝4个
【调料】甜辣酱15克，盐、白胡椒粉各3克，柠檬汁适量，食用油8毫升

-------------------------------- 制作方法 *Making* --------------------------------

1. 将洗净的扇贝肉放入碗中，加适量盐、白胡椒粉，滴少许柠檬汁，腌渍5分钟。
2. 把腌好的扇贝肉放回扇贝壳中，备用。
3. 将扇贝放在烧烤架上，用中火烤3分钟至起泡。
4. 在扇贝上淋入适量食用油，用中火烤2分钟至散出香味。
5. 放入适量甜辣酱，用中火续烤1分钟至熟，装入盘中即可。

扫扫二维码
视频同步做美食

浇汁香辣豆腐

⏱ 烹饪时间：12 分钟　🍲 难易度：★★☆　🧂 口味：辣

【原料】嫩豆腐 300 克，蟹味菇 80 克，虾米 40 克，葱花、蒜末、姜末各少许
【调料】简易辣椒酱 10 克，椰子油 5 毫升，生抽 3 毫升，料酒 5 毫升，淀粉 5 克

-------------------------------- 制作方法 *Making* --------------------------------

1. 洗净的蟹味菇切去根部，改切成丁；备好的嫩豆腐切成丁，待用。
2. 往碗中倒入蟹味菇、蒜末、姜末、椰子油、虾米、生抽、料酒，加入简易辣椒酱、淀粉，充分拌匀。
3. 取一盘，铺上嫩豆腐，倒上拌匀入味的蟹味菇。
4. 放入蒸锅，沸水旺火蒸 10 分钟，取出，撒上葱花即可。

Cooking *Tips*
切好的豆腐若不能及时烹饪，可以放入淡盐水中保鲜。

扫扫二维码
视频同步做美食

椰子油沙拉酱

原料

豆腐········· 120 克　　黄芥末········· 5 克

调料

蜂蜜········· 6 克　　盐········· 2 克
梅子醋······· 5 毫升　　米醋········· 5 毫升
椰子油······ 60 毫升

做法

1　洗净的豆腐切小块，放入热水锅中，烫至断生，捞出。

2　豆腐加入盐、椰子油、蜂蜜、黄芥末、梅子醋、米醋，拌匀后倒入搅拌机中。

3　搅拌约 20 秒成沙拉酱，盛出即可。

海带柴鱼煮酱

原料

海带高汤······· 适量　　柴鱼片（鳕鱼的干制品）·········· 适量

调料

味淋········· 10 克　　酱油········· 15 毫升
麦芽糖······· 30 克

做法

1　将酱油、海带高汤、味淋倒入锅中。

2　加入麦芽糖，用小火边煮边搅拌。

3　煮开后放入柴鱼片，浸泡 8 分钟，盛出即可。

豆芽牛肉汤

⏱ 烹饪时间：55 分钟　🍲 难易度：★★☆　🥢 口味：咸鲜

【原料】牛肉 600 克，黄豆芽 200 克，胡萝卜 1 根，黄芪 10 克
【调料】盐 5 克，海带柴鱼煮酱适量

------------------------ 制作方法 *Making* ------------------------

1. 将牛肉洗净，切块，放入开水锅中，余至断生后捞出，沥干水分，待用。
2. 胡萝卜削皮，洗净切块；黄豆芽掐去根须，用水冲洗干净。
3. 锅中倒入适量清水，倒入牛肉、胡萝卜、黄豆芽，拌匀，加入黄芪，大火煮沸后转小火炖约 50 分钟，至食材熟软。
4. 加适量盐，调味，淋上海带柴鱼煮酱，拌匀即可。

鲜虾牛油果椰子油沙拉

🕐 烹饪时间：12 分钟　🍲 难易度：★★☆　🧊 口味：鲜

【原料】洋葱 50 克，牛油果 1 个，鲜虾仁 70 克，蒜末 10 克
【调料】胡椒粉 4 克，盐 2 克，柠檬汁 6 毫升，椰子油、朗姆酒各 5 毫升，椰子油沙拉酱 60 克，食用油 500 毫升

---------------------------------- 制作方法 *Making* ----------------------------------

1. 洗净的洋葱切片；洗净的牛油果对半切开，去皮，去核，切粗条，再对半切成两段。
2. 炒锅置火上，倒入椰子油，烧热，放入蒜末，爆香，倒入处理干净的鲜虾仁，炒至转色，加入盐、胡椒粉调味，盛出炒好的虾仁，淋入朗姆酒，拌匀。
3. 取一大碗，放入拌有柠檬汁的牛油果、虾仁、洋葱片，加入椰子油沙拉酱，拌匀。
4. 另起锅，注油烧热，放入拌好的食材，炸至外表金黄，捞出装盘即可。

Cooking Tips

炒虾仁的时候用中小火，以免将虾仁炒老。

扫扫二维码
视频同步做美食

番茄牛骨烧汁酱

原料

牛骨汤········适量　　胡萝卜丁·····10克
番茄膏·······20克　　百里香·······5克
洋葱丁·······10克　　香叶·········4克
西芹丁·······10克

调料

盐···········少许　　食用油········适量

做法

1　热锅注油烧热，放入洋葱丁、胡萝卜丁、西芹丁，翻炒一会儿。

2　倒入牛骨汤、番茄膏，大火煮开。

3　加入香叶、百里香，撒上少许盐，炒匀盛出即可。

Cooking *Tips*

番茄膏是鲜番茄的酱状浓缩制品，超市有售。

酸梅酱

原料

酸梅········500克　　柠檬·········半个

调料

白醋··········2勺　　冰糖·······200克

做法

1　将酸梅与冰糖倒入碗中，混合均匀。

2　加入适量白醋，放入电压锅中，煮20分钟。

3　取出酸梅，捣烂，放入砂锅里。

4　用慢火熬一下，挤入柠檬汁，熬至浓稠状即可。

柚子酱

原料

香橙丁········· 50 克　　果胶········· 10 克
橙汁········· 20 毫升　　橙皮········· 8 克

调料

白糖········· 10 克

做法

1　将备好的橙皮细细切碎，装入搅拌机中，
　待用。

2　加入适量果胶、橙汁，倒入香橙丁，搅
　拌均匀。

3　撒上少许白糖，搅拌均匀即可。

芝麻高汤拌酱

原料

海带高汤····· 30 克　　熟白芝麻······· 5 克

调料

盐··········· 5 克　　胡麻酱······· 20 克
白糖·········· 4 克　　味噌··········· 3 克

做法

1　取一个碗，倒入海带高汤，加入胡麻酱、
　熟白芝麻。

2　倒入味噌，加入盐、白糖，拌匀即可。

Cooking Tips

胡麻酱是日式芝麻酱。

酱拌萝卜丝

🕐 烹饪时间：7分钟　🍲 难易度：★☆☆　🧂 口味：咸

【原料】白萝卜、胡萝卜各 200 克
【调料】盐 3 克，白糖 10 克，醋 5 毫升，番茄牛骨烧汁酱适量

-------------------------------- 制作方法 Making --------------------------------

1. 白萝卜、胡萝卜去除须、根，洗净，切成丝。
2. 白萝卜丝、胡萝卜丝装入碗中，撒上少许盐，拌匀，腌渍 5 分钟，沥干水分，待用。
3. 加入少许白糖，淋上备好的醋，搅拌均匀。
4. 最后倒入备好的番茄牛骨烧汁酱，拌匀即可。

酸梅酱烧老豆腐

⏱ 烹饪时间：27分钟　🍲 难易度：★★☆　🧂 口味：咸

【原料】老豆腐250克，瘦肉50克，去皮胡萝卜60克，姜片、蒜末各少许

【调料】盐、鸡粉各3克，白糖2克，酸梅酱15克，生抽、老抽、料酒、水淀粉、
　　　　食用油各适量

-------------------------------- 制作方法 Making --------------------------------

1. 洗净的胡萝卜切块，洗好的老豆腐切块，洗净的瘦肉切块。
2. 豆腐装碗，加入水、盐，浸泡10分钟；瘦肉装碗，加盐、料酒、水淀粉，腌15分钟。
3. 锅中加水烧开，倒入胡萝卜，焯片刻，捞出，沥干水分，装盘备用。
4. 用油起锅，爆香姜片、蒜末，放入瘦肉、生抽，炒至转色，倒入胡萝卜、豆腐，炒匀。
5. 加入生抽、料酒、盐、鸡粉、白糖、老抽、酸梅酱，翻炒约2分钟至熟，盛出即可。

扫扫二维码
视频同步做美食

橙香柚酱鸡中翅

⏱ 烹饪时间：50分钟　🍲 难易度：★★☆　🍶 口味：鲜

扫扫二维码
视频同步做美食

【原料】橙子170克，鸡中翅230克
【调料】盐2克，生抽、料酒各5毫升，柚子酱、食用油各适量

--------------------------- 制作方法 **Making** ---------------------------

1. 橙子切瓣，去皮；洗好的鸡中翅两面各划一刀。
2. 鸡中翅装碗，加入生抽、少许盐、料酒，搅拌均匀，腌渍30分钟至入味。
3. 热锅注油，放入腌好的鸡中翅，煎约3分钟至两面微黄，倒入切好的橙子肉，翻炒均匀。
4. 注入适量清水，加入少许盐，炒拌均匀，加盖，用大火焖10分钟至入味。
5. 揭盖，倒入柚子酱，续焖5分钟，关火盛出鸡翅即可。

青菜核桃仁

⏱ 烹饪时间：6分钟　🍲 难易度：★★☆　🧂 口味：咸

【原料】青菜 300 克，核桃仁 50 克
【调料】盐、味精各 3 克，芝麻油 10 毫升，芝麻高汤拌酱适量

---------------------------- 制作方法 *Making* ----------------------------

1. 将备好的青菜洗净，放入沸水锅中，焯半分钟，取出切碎。
2. 将切好的青菜装碗，加入核桃仁，拌匀。
3. 撒上少许盐、味精，淋上芝麻油，拌匀。
4. 倒入备好的芝麻高汤拌酱，拌匀即可。

白酱

原料

鲜奶油·······50 克　　黄油·········70 克
牛奶·······300 克　　面粉·········50 克

做法

1　将鲜奶油和牛奶倒入碗中，搅拌均匀，
　　加热待用。

2　炒锅置于火上，倒入 50 克黄油，加热
　　至其融化，放入面粉，混合均匀，不停
　　搅拌。

3　加入鲜奶油和牛奶，拌匀，再倒入 20 克
　　黄油，继续拌煮至黄油融化即可。

香料酱汁

原料

番茄酱·······15 克　　香叶·········4 克
牛扒酱·······8 克　　鸡高汤·······适量
蒜末·······4 克

调料

黑椒粉·······5 克　　盐·········少许
白糖·······少许　　白酒·······6 克
辣酱油·······8 克

做法

1　将番茄酱、牛扒酱、辣酱油倒入锅中，
　　加入适量白酒，倒入蒜、香叶，淋入适
　　量鸡高汤，拌匀，煮沸。

2　加入黑椒粉、白糖、盐拌匀，煮出香味，
　　盛出即可。

Cooking Tips

辣酱油是英式调味品，酸甜微辣。

辣椒芝麻酱

原料

熟芝麻········ 5 克	葱·········· 5 克

调料

酱油········ 25 毫升	辣椒粉······· 8 克
芝麻油······ 5 毫升	生抽········ 12 克

做法

1 葱洗净，切成细末，装入碗中，待用。

2 倒入熟芝麻，加入酱油、芝麻油，搅拌均匀。

3 加入辣椒粉和生抽，淋入适量凉开水，拌匀即可。

红酱

原料

黄油········ 30 克	西红柿······ 300 克
蒜末········ 5 克	番茄酱······ 20 克
洋葱末······ 60 克	高汤········ 3 毫升

调料

盐·········· 3 克	黑胡椒碎······ 2 克
白糖········ 6 克	

做法

1 炒锅中火加热，放入黄油，加热至其融化，加入蒜末和洋葱末煸炒出香味。

2 将西红柿切碎，倒入锅中，再加入番茄酱和高汤，搅拌均匀，略煮片刻。

3 加入盐、糖、黑胡椒碎调味，拌炒至酱汁浓稠即可关火。

什锦菇白酱意面

🕐 烹饪时间：10分钟　🍲 难易度：★☆☆　🧂 口味：鲜

扫扫二维码
视频同步做美食

【原料】熟意大利直面 120 克，杏鲍菇 50 克，蟹味菇 50 克，鲜香菇 50 克，培根适量
【调料】橄榄油 1 匙，白酱 100 克，黑胡椒碎少许，盐 2 克，白葡萄酒 10 毫升，蒜末、
　　　　芝士粉各少许，高汤 20 毫升

---------------------------------- 制作方法 Making ----------------------------------

1. 杏鲍菇切片；鲜香菇去柄，切片；蟹味菇切去根部，撕成小朵；培根切成小块，待用。

2. 锅中注入橄榄油烧热，放入蒜末炒香，倒入杏鲍菇、香菇、蟹味菇，炒至熟软，倒
   入培根，拌炒均匀。

3. 淋入白葡萄酒、高汤，搅匀煮沸，倒入白酱，煮至沸，加入盐、黑胡椒碎调味，略
   炒至酱汁收浓。

4. 倒入熟意大利直面，拌炒均匀，关火后盛入盘中，撒上芝士粉即可。

麻辣鲢鱼

⏱ 烹饪时间：5分钟

🍲 难易度：★★☆　🧂 口味：辣

【原料】鲢鱼 500 克，干辣椒、大蒜、蒜苗、香菜各适量

【调料】盐、味精、酱油、红油、醋、食用油、香料酱汁各适量

-------------------------------- 制作方法 Making --------------------------------

1. 鲢鱼去除鱼鳞及内脏，洗净，切块。
2. 热锅注油烧热，倒入干辣椒炒香，放入鱼块，翻炒至变色，注入适量清水，煮开。
3. 放入大蒜、蒜苗，煮至鱼肉断生，倒入酱油、红油、醋、香料酱汁拌匀，煮开。
4. 加入少许盐、味精拌匀，盛出。
5. 撒上香菜点缀即可。

凉拌冻豆腐 🍲

⏱ 烹饪时间：8分钟　🍲 难易度：★★☆　🧂 口味：鲜辣

【原料】冻豆腐、胡萝卜、黄瓜、泡菜、黄豆芽、灯笼椒各适量，鸡蛋1个

【调料】盐、白糖、醋、芝麻油、紫菜末、食用油、辣椒芝麻酱各适量

------------------------------ 制作方法 Making ------------------------------

1. 将黄豆芽择洗干净，倒入沸水锅中，汆熟，捞出装碗，拌入芝麻油，待用。
2. 黄瓜切丝，用盐腌渍片刻；豆腐切条，泡菜切丝，装入另一个碗中，加入芝麻油和白糖，拌匀，待用；鸡蛋打入玻璃碗中，打成鸡蛋液；灯笼椒切丝；胡萝卜切丝。
3. 锅中注油烧热，倒入冻豆腐、灯笼椒、胡萝卜、黄瓜，炒熟，盛入装有黄豆芽的碗中。
4. 锅中注入适量油，烧热，倒入鸡蛋液，煎成薄片，盛出，待稍微放凉后切丝。
5. 将鸡蛋丝倒入装有豆腐的碗中，加入盐、醋、辣椒芝麻酱，拌匀，撒上紫菜末即可。

西红柿奶酪意面

⏱ 烹饪时间：10 分钟　🍲 难易度：★☆☆　🧂 口味：甜

【原料】意大利面 300 克，西红柿 100 克，黑橄榄 20 克，蒜末少许
【调料】奶酪 10 克，红酱 50 克

---------------------------------- 制作方法 Making ----------------------------------

1. 洗好的西红柿切成瓣，再切成小块；奶酪切成丁，备用。
2. 锅中加水烧开，倒入意大利面，煮至熟软，捞出，装入碗中，备用。
3. 锅置火上，倒入奶酪，放入西红柿、红酱拌匀，盛入装有意大利面的碗中。
4. 加入黑橄榄、蒜末，拌匀后盛入盘中即可。

扫码二维码
视频同步做美食

Chapter 4

就"酱"好吃——果酱篇

果酱那芳香甜蜜的味道，总能让人心情舒畅。如果你不快乐，来制作果酱吧，在制作和品尝的过程中，能抚慰心情，驱走烦闷；如果你快乐，也来制作果酱吧，把这份快乐、甜蜜延续并传递给其他人。

水果香橙酱

原料

苹果·········20 克

调料

糖水········20 毫升　柠檬汁·········适量
香橙酒········适量　橙汁··········适量

做法

1　苹果去皮，洗净，切成丁。

2　将切好的苹果倒入碗中，加入糖水，拌匀。

3　倒入香橙酒、柠檬汁、橙汁，混合调匀即可。

芒果香草酱

原料

芒果·········100 克

调料

香草冰淇淋····50 克

做法

1　将芒果洗净，去皮，切碎。

2　备好果汁机，倒入切好的芒果。

3　加入香草冰淇淋，倒入适量清水。

4　打开开关，将材料搅打均匀即可。

脆皮苹果卷

⏱ 烹饪时间：11 分钟　🍲 难易度：★★☆　🧂 口味：甜

【原料】苹果 800 克，黑枣 35 克，酥皮 75 克，春卷皮适量
【调料】白糖 35 克，朗姆酒、芒果香草酱各适量

------------------------------ 制作方法 *Making* ------------------------------

1. 苹果去皮切块，黑枣去籽切丁，酥皮解冻后切丁，备用。
2. 把苹果放入锅中，加入白糖、朗姆酒，炖煮出汁，放入黑枣丁拌匀，即成苹果馅料。
3. 取 2 张春卷皮，重叠摊平，铺上苹果馅料，包成枕头状，放入烤盘。
4. 用毛刷蘸取适量芒果香草酱，刷在春卷皮的表面，均匀撒上酥皮丁，放入烤箱中。
5. 以 200℃烘烤约 10 分钟，至表面呈金黄色即可。

水果调味酱

原料

各类水果······适量

调料

柠檬汁······30毫升　　香橙酒······30毫升
橙汁······20毫升　　糖水······80毫升

做法

1　将香橙酒、橙汁倒入碗中。

2　加入适量柠檬汁，倒入糖水，搅拌均匀。

3　将备好的各类水果放入其中，拌匀即可。

芒果酱

原料

芒果······100克

调料

麦芽糖······30克　　细砂糖······适量

做法

1　将备好的芒果洗净，去皮去核，切成大块。

2　将切好的芒果倒入搅拌机，搅拌成糊状，加入适量水和麦芽糖，搅拌均匀。

3　将拌好的芒果倒入锅中，小火熬半个小时。

4　加入细砂糖，拌匀，续煮至浓稠状即可。

芒果布丁

⏱ 烹饪时间：40分钟　🍲 难易度：★☆☆　🧂 口味：甜

【原料】芒果丁 500 克，淡奶油 100 克，柠檬汁适量，牛奶 100 克，明胶粉 10 克

【调料】砂糖 60 克，芒果酱适量

------------------------------ 制作方法 *Making* ------------------------------

1. 将一半芒果丁和淡奶油倒入量杯中，用搅拌机打成泥状，再倒入盆内，加入少许柠檬汁拌匀；将牛奶加热至80℃，加入砂糖，拌至溶化。
2. 取 50 毫升清水，加入明胶粉，调匀，倒入热牛奶中，再倒入芒果酱中，拌至溶化。
3. 取玻璃杯，倒入混合后的食材，至九分满，震平，放入冰箱冷藏至凝固。
4. 取出后在表面放上芒果丁，淋上芒果酱即可。

柚子沙拉酱

原料

葡萄泥‧‧‧‧‧‧‧ 25 克   青葱‧‧‧‧‧‧‧‧‧‧ 3 克

调料

芝麻油‧‧‧‧‧‧‧‧ 5 克   柚子醋‧‧‧‧‧ 12 毫升

酒‧‧‧‧‧‧‧‧‧ 8 毫升

做法

1 青葱洗净，切成细末。

2 将葡萄泥、柚子醋、酒、芝麻油混合均匀。

3 最后点缀上青葱即可。

柳橙酱

原料

面粉‧‧‧‧‧‧‧‧‧‧适量   蛋黄‧‧‧‧‧‧‧‧‧‧适量

奶油‧‧‧‧‧‧‧‧‧‧适量   柳橙皮‧‧‧‧‧‧‧‧适量

调料

白糖‧‧‧‧‧‧‧‧‧ 25 克   柳橙汁‧‧‧‧‧‧‧‧适量

做法

1 将备好的柳橙皮切碎，待用。

2 锅置火上，倒入白糖、蛋黄、面粉，加
   水拌匀。

3 持续煮一会儿，至浓稠状。

4 倒入柳橙汁、柳橙皮，拌匀，起锅前加
   入奶油拌匀即可。

椰蓉果酱蛋糕

⏱ 烹饪时间：16 分钟　🍲 难易度：★★☆　🧂 口味：甜

【原料】鸡蛋 120 克，低筋面粉 60 克，黄油 150 克，椰蓉适量
【调料】柳橙酱适量，白糖 95 克

---------------------------- 制作方法 *Making* ----------------------------

1. 将鸡蛋、70 克白糖、低筋面粉、50 克黄油搅成面浆，倒在垫有烘焙纸的烤盘，抹平整。
2. 取烤箱，放入面浆，将上、下火调为 160℃，烘烤 15 分钟，取出，脱模。
3. 把蛋糕放在案台烘焙纸上，撕去底部烘焙纸，将蛋糕翻面，压出两块圆形小蛋糕，
   叠在一起，四周刷上柳橙酱，粘上椰蓉。
4. 把剩余的白糖、黄油拌成糊状，装进裱花袋，挤在蛋糕顶部，再放上柳橙酱即可。

扫扫二维码
视频同步做美食

蓝莓沙拉酱

原料

芝士·········适量　蓝莓·········15 克
酸奶·········30 克

调料

白兰地······3 毫升　蓝莓酱······20 克

做法

1　将蓝莓洗净，装入碗中，待用。

2　倒入芝士、蓝莓酱，加入酸奶，拌匀。

3　淋入适量白兰地，拌匀即可。

蓝莓果酱

原料

蓝莓·········50 克　果胶·········8 克

调料

白糖·········10 克

做法

1　将备好的蓝莓洗净，去蒂后切开，待用。

2　将处理好的蓝莓倒入果汁机，加入果胶。

3　放入适量白糖，搅打均匀即可。

蓝莓酱蔓越莓刨冰

🕐 烹饪时间：2分钟　　🍲 难易度：★☆☆　　🧂 口味：甜

【原料】蔓越莓干 10 克，食用冰 130 克
【调料】蓝莓果酱 20 克

-------------------------------- 制作方法 *Making* --------------------------------

1. 备好刨冰机，倒入食用冰，将其打成冰碎。
2. 取出冰碎，放入碗中，待用。
3. 将蓝莓果酱倒入冰碎中，拌匀。
4. 撒上适量蔓越莓干即可。

扫扫二维码
视频同步做美食

草莓酸奶沙拉酱

原料

酸奶········· 30 克　　草莓········· 25 克

调料

草莓酱········ 15 克　　酸奶油········ 20 克

做法

1　将草莓洗净，装入碗中，待用。

2　倒入酸奶、酸奶油，拌匀。

3　淋入适量草莓酱，拌匀即可。

桑葚酱

原料

桑葚········· 100 克

调料

蜂蜜········· 30 克　　柠檬汁········ 30 克
白糖········· 50 克

做法

1　锅中注入适量清水烧开，倒入桑葚、白糖、蜂蜜，拌匀。

2　加入柠檬汁，边搅拌边煮约 2 分钟至酱汁黏稠。

3　关火后盛出煮好的酱，装入碗中即可。

桑葚冰激凌

🕐 烹饪时间：122 分钟　🍲 难易度：★☆☆　🧂 口味：酸甜

【原料】鲜奶油 125 克，纯牛奶 90 毫升
【调料】桑葚酱 100 克，白糖 40 克

-------------------------------- 制作方法 *Making* --------------------------------

1. 取一大碗，倒入鲜奶油，放入少许白糖，用搅拌器快速搅拌一会儿，至奶油七八成发。
2. 注入调好的纯牛奶，加入桑葚酱，拌匀，至食材完全融合。
3. 再用保鲜膜封好，置于冰箱中冷冻 2 小时，至奶油凝固。
4. 取出冻好的材料，去除保鲜膜，用挖球器挖出数个冰淇淋球，装在碗中即成。

扫扫二维码
视频同步做美食

果糖沙拉酱

原料

梨·············1 个   蛋黄酱·······10 克

调料

猕猴桃汁·······适量   柠檬汁········适量
果糖··········适量

做法

1 梨去皮，洗净，切片，待用。

2 将蛋黄酱、猕猴桃汁、果糖、柠檬汁混合均匀。

3 再放上切好的梨片即可。

草莓酱

原料

草莓········260 克

调料

冰糖··········5 克

做法

1 洗净的草莓去蒂，切小块，待用。

2 锅中注入约 80 毫升清水。

3 倒入切好的草莓，放入冰糖。

4 搅拌约 2 分钟，至冒出小泡。

5 调小火，继续搅拌约 20 分钟至黏稠状。

6 关火后将草莓酱装入小瓶中即可。

草莓慕斯

🕐 烹饪时间：125 分钟

🍲 难易度：★☆☆ 🧂 口味：甜

【原料】慕斯预拌粉 116 克，牛奶 210 毫升，淡奶油 333 毫升，海绵蛋糕体 2 个

【调料】草莓酱 300 克

----- 制作方法 Making -----

1. 将牛奶倒入盆中加热至翻滚，加入预拌粉，搅匀，将盆离火冷却至手温。

2. 将淡奶油用电动搅拌器打发，分两次倒入盆内面糊中，加入草莓酱，搅匀。

3. 取出保鲜膜和慕斯蛋糕模型，将保鲜膜包裹在模具的一边作为模具底面。

4. 放入一个海绵蛋糕体，倒入面糊，抹平；再放一个海绵蛋糕，倒入余下面糊。

5. 举起模具轻敲两下，使表面平整；放入冰箱冷冻 2 小时，取出脱模即可。

Cooking Tips

脱模时，用热毛巾敷模具 10 分钟，或用吹风机热风加热可使慕斯迅速脱模。

扫扫二维码
视频同步做美食

红枣抹酱

原料

红枣········· 10 克
桂圆肉······· 30 克

调料

麦芽糖······· 15 克　　姜汁········ 20 毫升
米酒······· 20 毫升

做法

1　将红枣去籽，切成圆片，桂圆肉切碎，待用。

2　将红枣、桂圆放入锅中，加水、米酒、姜汁，拌匀，煮沸。

3　放入适量麦芽糖，小火慢煮至黏稠状即可。

橙子沙拉酱

原料

柳橙皮········ 20 克　　酸奶········· 15 克
橙肉········· 25 克

调料

酸奶油········ 30 克　　葡萄柚汁···· 20 毫升

做法

1　柳橙皮洗净，撕去白色橘络，切成大块。

2　将切好的柳橙皮倒入果汁机，加入葡萄柚汁，倒入橙肉。

3　放入酸奶油和酸奶，搅拌均匀即可。

猕猴桃奶油沙拉酱

苹果酱

原料

猕猴桃⋯⋯⋯15 克　　酸奶⋯⋯⋯⋯25 克

原料

苹果⋯⋯⋯⋯300 克
柠檬⋯⋯⋯⋯半个

调料

酸奶油⋯⋯⋯30 克　　猕猴桃酱⋯⋯20 克

调料

白糖⋯⋯⋯⋯200 克

做法

1　猕猴桃去皮洗净，切丁，待用。

2　将猕猴桃丁装碗，加入酸奶，拌匀。

3　倒入酸奶油、猕猴桃酱，拌匀即可。

做法

1　洗净的苹果去皮、切成瓣，去核，改切成小块，待用。

2　取炖锅，倒入切好的苹果，注入适量清水，加入白糖，小火拌煮至苹果呈透明状。

3　挤入柠檬汁，搅拌均匀，继续拌煮至苹果呈泥状，盛出放凉即可。

五彩果球沙拉

⏱ 烹饪时间：3分钟　🍲 难易度：★☆☆　🧂 口味：酸甜

【原料】西瓜 530 克，哈密瓜 420 克，猕猴桃 100 克，火龙果 220 克，木瓜 360 克
【调料】酸奶 3 大勺，猕猴桃奶油沙拉酱 1 大勺，杏仁碎 15 克

-------------------------------- 制作方法 *Making* --------------------------------

1. 用挖球勺分别在西瓜、哈密瓜、木瓜、猕猴桃和火龙果上挖数个果球。
2. 将酸奶倒入碗中，加入猕猴桃奶油沙拉酱，搅拌均匀。
3. 倒入杏仁碎，继续搅拌均匀；备好玻璃罐，倒入拌好的沙拉酱。
4. 倒入哈密瓜球，铺匀，加入火龙果球、西瓜球、木瓜球。

猕猴桃雪梨苹果酱甜品

⏱ 烹饪时间：3分钟　🍲 难易度：★☆☆　🍴 口味：酸甜

【原料】去皮雪梨 30 克，去皮猕猴桃 25 克
【调料】苹果酱 10 克，稀奶油 30 克

-------------------------------- 制作方法 Making --------------------------------

1. 洗净的雪梨对半切开，去核，再切成小块；洗净的猕猴桃对半切开，再切成小块，待用。
2. 在备好的碗中，放入雪梨块、猕猴桃块。
3. 倒入备好的稀奶油，加入苹果酱即可。

扫扫二维码
视频同步做美食

芒果洋葱酱

原料

芒果·········· 80 克   香菜·········· 5 克
洋葱·········· 12 克

调料

芒果汁······ 20 毫升

做法

1   将芒果洗净，切成丁。

2   洋葱去皮，洗净，切丁。

3   香菜洗净，切小段。

4   将芒果丁、洋葱丁与芒果汁拌匀，撒上香菜即成。

百香果沙拉酱

原料

百香果········ 15 克   酸奶·········· 20 克

调料

百香果酱······ 25 克   酸奶油········ 30 克

做法

1   将百香果洗净，装碗，待用。

2   碗中倒入酸奶油、百果香酱，拌匀。

3   淋入适量酸奶，拌匀即可。

柠檬蛋黄酱

原料

蛋黄酱········· 40 克

调料

柠檬汁····· 25 毫升　胡椒粉········ 15 克
盐·········· 3 克　糖粉········· 10 克

做法

1　取一碗，倒入蛋黄酱、柠檬汁，拌匀。

2　加入盐、胡椒粉、糖粉，拌匀即可。

刁草柠檬抹酱

原料

刁草（洋茴香、莳萝）················ 10 克

调料

黄油········· 50 克　柠檬汁····· 15 毫升

做法

1　把刁草洗净，切碎，待用。

2　将黄油放入锅中，煮至融化。

3　加入刁草、柠檬汁，搅拌均匀即可。

水果调味沙拉酱

樱桃·········2个　　蛋黄酱·······10克

柠檬汁········适量　　柳橙汁·······适量
水果酒········适量

1　将樱桃洗净，去蒂，待用。

2　樱桃加入蛋黄酱，拌匀。

3　倒入柠檬汁、水果酒、柳橙汁，拌匀即可。

果香沙拉酱

水果醋······20毫升　　柑橘醋·····10毫升

盐··········适量　　橄榄油·······8毫升
胡椒粉········适量

1　将柑橘醋与水果醋装入碗中，拌匀。

2　缓慢地倒入橄榄油，边倒边搅拌。

3　加入适量盐和胡椒粉，拌匀即可。

香橙芝士抹酱

原料

柳橙皮········ 25 克　　蛋黄酱······· 50 克
芝士········· 25 克

调料

浓缩柳橙汁·· 20 毫升

做法

1　柳橙皮洗净，切碎。

2　将切好的柳橙皮装碗，加入芝士、蛋黄酱，拌匀。

3　倒入备好的浓缩柳橙汁，拌匀即可。

香橙果酱

原料

香橙·········· 2 个　　柠檬·········· 1 个

调料

白糖········ 200 克　　盐·········· 10 克

做法

1　将香橙的表皮用盐搓洗干净，浸泡 30 分钟，削皮，去除筋膜，果肉切块，待用。

2　锅中加水煮开，将削好的香橙皮放入水中煮 2 分钟，以去除苦味。

3　将香橙皮和香橙果肉放入料理机内搅碎，倒入锅中，加入细砂糖煮开，挤入柠檬汁，搅拌，直到香橙酱收浓即可。

香草蛋糕卷

🕐 烹饪时间：22分钟　🍲 难易度：★★☆　🧂 口味：甜

【原料】蛋清 140 克，塔塔粉 3 克，蛋黄 60 克，牛奶 40 毫升，低筋面粉 65 克，香草粉 5 克
【调料】细砂糖 75 克，香橙果酱适量，食用油 40 毫升

------ 制作方法 Making ------

1. 取容器，倒入蛋黄、牛奶、低筋面粉、食用油、香草粉、20 克细砂糖，拌匀。
2. 另取一个容器，加入蛋清、55 克细砂糖、塔塔粉，用电动搅拌器打至鸡尾状，倒入前面一个容器中，搅匀。
3. 烤盘上铺上烘焙纸，倒入面糊至六分满，放入烤箱内，烤至其松软。
4. 取出烤盘，放凉后将蛋糕与烤盘分离，将蛋糕倒在烘焙纸上，把蛋糕翻面，撕去烘焙纸，抹上果酱。
5. 将蛋糕卷成卷，切段即可。

扫扫二维码
视频同步做美食

Cooking Tips

将蛋清分次加入，能够让其充分混合使蛋糕更松软。